国家自然科学基金资助项目（编号：51278194）

004

筑苑·广东围居

陆琦 陈家欢 著

中国建材工业出版社

图书在版编目(CIP)数据

广东围居/陆琦，陈家欢著. —北京：中国建
材工业出版社，2017.7
（筑苑）
ISBN 978-7-5160-1819-4

Ⅰ．①广… Ⅱ．①陆… ②陈… Ⅲ．①民居-介绍-
广东 Ⅳ．①TU241.5

中国版本图书馆 CIP 数据核字（2017）第 069325 号

筑苑·广东围居
陆琦　陈家欢　著

出版发行：中国建材工业出版社
地　　　址：北京市海淀区三里河路 1 号
邮政编码：100044
经　　销：全国各地新华书店
印　　刷：北京天恒嘉业印刷有限公司
开　　本：710mm×1000mm　1/16
印　　张：15
字　　数：210 千字
版　　次：2017 年 7 月第 1 版
印　　次：2017 年 7 月第 1 次
定　　价：68.80 元

本社网址：www.jccbs.com　　微信公众号：zgjcgycbs
本书如出现印装质量问题，由我社市场营销部负责调换。联系电话：(010)88386906

天人築以
闻作苑心

築苑叢書雅存 丁酉
端午

孟兆桢

孟兆祯先生题字
中国工程院院士、北京林业大学教授

文以载道
传承创新

丁酉仲夏

谢辰生题
时年九十又六

谢辰生先生题字
国家文物局顾问

筑苑·广东围居

主办单位

中国建材工业出版社

中国民族建筑研究会民居建筑专业委员会

扬州意匠轩园林古建筑营造有限公司

顾问总编

孟兆祯　陆元鼎　刘叙杰

编委会主任

陆　琦

编委会副主任

梁宝富　佟令玫

编委（按姓氏笔画排序）

马扎·索南周扎　王乃海　王吉骞　王向荣　王　军　王劲韬　王罗进
王　路　龙　彬　卢永忠　朱宇晖　刘庭风　刘　斌　关瑞明　苏　锰
李　卫　李寿仁　李　浈　李晓峰　杨大禹　吴世雄　宋桂杰　张玉坤
陆　琦　陈　薇　范霄鹏　罗德胤　周立军　秦建明　袁思聪　徐怡芳
唐孝祥　曹　华　崔文军　商自福　梁宝富　陆文祥　端木岐　戴志坚

本卷著者

陆　琦　陈家欢

策划编辑

孙　炎　章　曲　沈　慧

本卷责任编辑

章　曲

版式设计

汇彩设计

投稿邮箱：zhangqu@jccbs.com

联系电话：010-88376510

传　　真：010-68343948

筑苑微信公众号

序

我国土地辽阔，历史悠久，文化源远流长。在远古社会，先民穴居而野处，奴隶社会后，同族群居于台地漥地，聚族而居成为人类的主要居住方式。

古代，由于知识和技能水平的不发达，为了蔽风雨、避虫兽，为了生存安全和繁衍人口、固守土地资源，聚族而居是重要的因素。初时，同族同宗以血缘为纽带而聚居。其后，同族异地异姓因地缘关系而聚居。这些聚居地建筑除了生产生活外都带有防御措施，被称为聚落，后期发展衍变为村、所、寨、堡、庄、楼、围等。

聚居的目的，生存安全是首要的，防御措施也是必要的。在营建环境中，随着时代的变迁和各地区自然地理条件、文化习俗信仰、建筑空间材料的不同而有所区别和衍变，充分显示了"因地制宜"、"就地取材"、"和而不同"的传统营建思想和聚居的地域文化特征。

在全国范围内，关于防御性建筑与聚落的研究，起初也只是针对汉族客家民系的围合型民居进行调查分析。进入二十一世纪后，才逐渐扩展了对其他地域的防御性聚落的研究。实际上，典型的防御性建筑与聚落，除了有赣粤闽等地的土围、土楼等，还有秦晋、湖北等地的堡寨；在长城沿线防区，有配合整个陆地防御系统而形成的卫所聚落；在山东、福建、广东等地，有极具特色的沿海军事卫所聚落。此外，在少数民族地区，也存在山寨等防御性聚落形式。总体来说，防御性建筑与聚落一般分布在民族相互交往的地带，出于安全考虑而建有自卫防御性聚落的地区，以及在历史上军事活动较多而处于军事布防系统内的地段。

广东省现今的行政范围，大部分地区自汉代就已归附中原，但由于地处偏远，在中原地区战乱或自然灾害严重威胁之时，就成为了北方族群迁徙定居的目的地之一。不断到来的移民最终使广东成为了多民族、多民系共同生活的地带，多元文化的交融促进了建筑与聚居形式的相互影响。在不同时段迁徙到广东的族群，面对与故土相迥异的自然地理条件，择居中与语言不通的土著族群在争夺生存资源的同时，尤其需要从防御性的营建形式中获得心理和实际上的安全感。此外，从明代开始，广东的海防卫所与其他海防工程一起，逐渐构成了防范海盗、殖民者等海上威胁的海防体系，其中许多海防城址逐渐衍化为特殊的聚落形式，也影响了周边民居与聚落的营建方式。

在以往以广东为研究地域的防御性聚落研究中，大多以客家地区的围屋为主，或是以开平等地的碉楼等为例，对于整个广东地区的防御性聚落缺乏整体的、全面的分类与研究。本书从防御性聚落"围"的防御形式与"住防结合"的综合功能入手，总结了"围居"这一特殊的民居与聚落类型，对其起源发展、类型特点进行了初步概括，探讨了其有别于其他临时性或者非围合型防御工程的特点，并通过具体实例区分了围屋、围村、围寨、围楼这四种"围居"类型，对各类型的基本特点及其异同进行了归纳，以挖掘广东围居在历史、军事科技、艺术审美以及现实应用等多方面的内容。

从人类为生存、安全、繁衍人口而组成聚居类型分析的方法，是一种新的研究方法，是值得鼓励的。本书可能限于篇幅，论述中主要是民居的防御内容，若增加聚落与建筑布局及居住群体生产生活等文化特征内容，便使读者能更清晰全面地了解传统聚落的形成内涵与时代特性。

陆元鼎

2017 年 6 月 20 日

目　录

1　围居

1.1　围居概说

我国拥有多变的自然地理环境，既有望之弥高的青藏高原，也有苍茫无边的西北戈壁，自北部起有辽阔的草原森林，在中部又多有平原丘陵，穿行过水网密布的南方，就毗邻一望无际的大海。三面陆地一面临水的区位条件，形成了优越的大陆性地理环境，也造就了以农业为主要生产方式的中国古代社会。纵观我国古代数千年的历史，中原内陆虽拥有与外界相对隔绝的地理形态，除了受到西北少数民族的侵扰外，早期很少受到外来入侵者的干扰。但是皇权更迭，王朝兴衰，宋代之后的民族纷争等，这些对于农业生产都是毁灭性的打击，时有发生的战乱离散一直在威胁着百姓的生存。因此，为了生存和发展，人们自然而然地提高了对这些不利因素的警觉性，并通过一些"防"的实际操作来抵御侵扰。这种强烈的防御意识随处可见蛛丝马迹，《周易》记有"君子以思患而豫防之"，我国古人信仰天命，喜好占卜问卦，未尝不是居安思危的一种体现。《乐府诗集》也有"君子防未然，不处嫌隙间"的警示，可见防患于未然是古人推崇的优良品质。随着历史推进，防御意识已逐渐融入了中华民族的性格之中，从而形成一种集体意识甚至文化认同。

防御意识作为生物本能的一种"潜意识"，在我国独特的地理和历史条件下，表现为趋向于自适应的防御手段，是一种更强调内向化的心理沉淀。无论是根植于本土的儒家、道家文化还是传入中国后与本土文化相融合的佛教文化，都体现出自省、自悟的特点，而天人合一与世界整体性的思想更使得中华民族不突出个人自我，而是推崇内部的和谐统一及相互之间的依存关系。

这种心理意识作用在居住形式上，左右了我国传统社会的建筑空间布局与聚落形成方式。其中聚落形成方式是由区域人群的共同居住习惯决定的，在我国原始社会中，就已经存在着集体性质的氏族公社。到了封建社会时期的乡村，普通民众大都选择聚族而居。聚族而居曾是我国宗族社会居住的基本形态，尤其在宋以后，伴随着科举制度的完善，庶民与官僚之间可以互相转化，宗族制度逐渐扩大到了整个社会。《白虎通·宗族》这样解释宗族的含义："宗尊也，为先祖主也，宗人之所尊也……大宗能率小宗；小宗能率群弟，通于有无，所以纪理族人者也……族者，凑也，聚也。谓恩爱相流凑也，上凑高祖，下至玄孙。一家有吉，百家聚之，合而为亲。生相亲爱，死相哀痛。有会聚之道，故谓之族"，可见一个族群的绵延繁荣往往是好几代人历经沧桑抱团发展的结果。在这个过程中，有的族群固然得天独厚，能在一地不断地繁衍沉淀，但不可避免地也会因多重因素而造成迁徙裂变。在裂变过程中，为了应对新环境的考验，他们往往也尽可能地延续原有的居住方式，通过族群的力量继续发展完善。

围居，就是出于防御心理的需求和聚族而居的习惯，在建筑的空间布局和聚落的组合方式上逐渐形成的具有一定范式的营建形式。《说文解字·卷六》说："围，守也"，围居，本质上就是将内部居住环境聚在一处，抵御外部不利因素，充分体现防守特征的居住形式。"围""居"二字也是它区别于其他防御性建筑类型的地方，如少数民族的藏式碉楼，还有近代产生于广东五邑地区的华侨碉楼。广东开平碉楼虽然也具有极强的防御性特征，但其中占比重较大的居楼多为小家庭居住，众人楼只作临时避难之用，没有满足"聚族而居"且"居防合一"的功能，而其中的更楼就更接近于炮楼的作用，因此在防御手段上，主要以村落内部散点的方式分布，没有充分形成"围"的形式（图1-1～图1-3）。此外在一些地区，还存在着一些利用自然岩洞等加工形成的临时性防御空间。

围居并不局限于单一的模式，在特殊的历史环境和地域环境下，围居的防御性特征被集中物化，且因为其所具有的历时性特征，在复杂的生成机制中得到了不断地丰富和发展。进入现代社会之后，为了适应新的生存环境，

图 1-1　开平碉楼

图 1-2　开平塘口镇自力村碉楼

图 1-3　开平塘口镇方氏灯楼

营建技术也在一直不断地发展，一些建筑类型已逐渐在某些地区消失殆尽。广东地区从历史上来看，曾长期属于"烟瘴之地"，又因距离中原较远而在中原战乱之时相对保持了稳定，成为了几次南下移民潮的目的地之一，多元文化的持续碰撞使围居有了发展衍变的空间。从广东地区现存的围居形式来看，主要可归纳为围屋、围村、围寨、围楼四种类型。

从存在形式来看，围屋及围楼以建筑单体形式存在，而围村和围寨则一般以群体聚落的形式组合而成。其中围楼的外围围墙大都为多层，而围屋多为单层。一般直接将防御性墙体与居住外墙结合，内部合理分布生活空间。围村与围寨则主要通过建筑单体的排列形成线形环绕的防御工事，层层连接构成整个聚落的防御体系。前两者作为建筑单体在规模上自然不能与围寨、围村相比，但为了满足群体的居住，也比一般性的建筑单体形式要大上许多。围村、围寨与普通乡村相比，因一般将建筑进行集中式布局，往往占地面积要小一些。

从居住人员来看，生活在围屋与围楼的多为一族一姓之人组成的血缘大家庭，彼此之间相当熟悉且能相互信任，有共同的宗族信仰，才能在比较封闭的居住环境下保持正常有序的生活，在遇到不利因素时能众志成城一致对外。围村与围寨虽然在营建初期也是由大家族发展而来，但在流变过程中也不乏具有亲缘关系的多姓氏成员共同居住的情况，在一些围寨中，甚至也有因地缘关系而相互交好同化，共同修建防御性工事的情况。

从防御性的角度出发，一般来说，围楼的灵活度更高，防御性比较强。与之相比，围屋的防御性稍弱，"围"的形式不再完全，有时只是为了扩大生存空间而建。围寨较之围村往往是以防御为主要目的而建，甚至有些初始建造的目的就是临时性防御工事，只是之后逐渐演化成长久的居住聚落，因此，它的防御性一般比围村要强。

总的来说，这四种类型的围居各有特色，都是人们结合当地的生存条件和自身需求选择的结果。其整个发展历程持续时间长，成因也多样而复杂。

1.2 围居发展

围居的起源发展过程，向前可以追溯到氏族社会的传统聚落形态，向后可延展到近现代的防御性建筑。在远古时代，人类就通过居住在一起来抵御野兽，共同面对严峻的生活环境，于是自然形成了氏族的原始聚落。原始聚落是后来乡村、城镇的发展起点，也是围居的原始形态，反映了人们在生产力低下、技术水平不发达的情况下，寻求围合封闭且具有防护性的居所的最初意向。而纵观我国所有传统建筑类型的发展，历来是与社会变迁分不开的。从生产力低下的原始社会一路走来，建筑经历了"下者为巢，上者为营穴"的艰难开始，又经过用茅草盖顶，用素土夯实形成高台的"茅茨土阶"阶段，才随着生产力的发展，逐步有了多种多样的形式（图1-4、图1-5）。

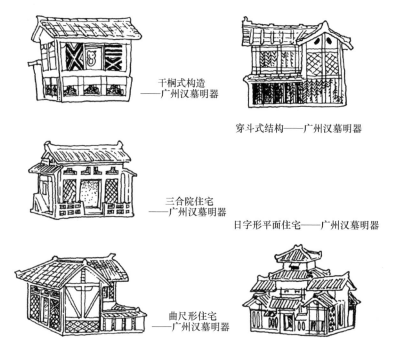

干栏式构造
——广州汉墓明器

穿斗式结构——广州汉墓明器

三合院住宅
——广州汉墓明器

日字形平面住宅——广州汉墓明器

曲尺形住宅
——广州汉墓明器

图1-4　广州汉墓民居陶屋（摘自陆琦《中国民居建筑丛书——广东民居》）

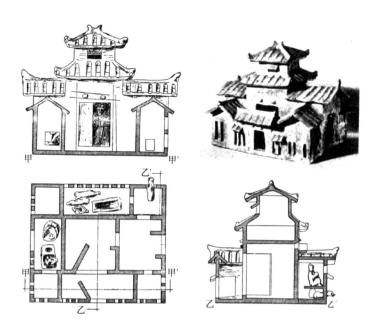

图 1-5　广州汉墓楼阁式陶屋（摘自曹劲《先秦两汉岭南建筑研究》）

　　自秦统一六国以来，"车同轨，书同文"，始于周朝的"乡亭制度"也重新发展、定型，并沿用至汉代，《汉书》就有"大率十里一亭，亭有亭长。十亭一乡，乡有三老"的记载，乡、亭既是基层的行政组织，也是百姓的生活生产单位。从西汉末年开始，中原地区又开始战乱，到王莽末年，社会动荡不安，北方饥荒严重，出于原本聚族而居的习惯和屯粮自保的需求，豪门大族需要修建防御性更强的建筑形式，《后汉书·樊宏传》记樊宏"与宗家亲属作营堑自守，老弱归之者千余家"。此时，西北边地筑"坞"的办法也流入中原，与当地原本的豪族大宅相结合，围居的早期形式——坞堡（又称坞壁）就应运而生了。在当时大规模的农民起义背景下，坞堡的初始形态具有极强的军事武装色彩，大都是豪强割据势力的象征。

　　到光武帝刘秀建立东汉，虽然分化或安抚了部分地方豪强，但重新分化土地的"度田"也没能推行，因此，坞堡仍旧有了生存发展的机会。到东汉末年原有的"乡亭制度"遭到破坏，以血缘关系为基础的地方性武装自卫集团逐渐出现，原本乡、亭之中的百姓大都跟随大族逃向山林，聚众据险守隘，坞堡建筑于是有了更大的发展空间。经过了两汉土地集聚的过程，这个时期的血缘、宗法制度得到了加强，坞堡比之前期分布得更广，流民不一定完全依附于世家军阀，也以地方血缘为纽带形成小而多的社会组织。

《三国志·许褚传》记载"汉末，聚少年及宗族数千家，共坚壁以御寇。时汝南葛陂贼万余人攻褚壁，褚众少不敌，力战疲极。兵矢尽，乃令壁中男女，聚治石如杆斗者置四隅……"。其中的"壁"就是指当时又称坞壁的防御性建筑，在《三国志》邓艾传、常林传等史料中都有记载。可见，在两汉之后的战乱期，坞堡分布众多，且成为了一种新型的乡里组织形式。《三国志·田畴传》对此有比较详细的记载："畴得北归，率举宗族他附从数百人，……遂入徐无山中，营深险平敞地而居，躬耕以养父母。百姓归之，数年间至五千余家。……畴乃为约束相杀伤、犯盗、净讼之法，法重者至死，其次抵罪，二十余条。又制为婚姻嫁娶之礼，兴举学校讲授之业，班行其众，众皆便之，至道不拾遗。"从这段史料中，可以看出田畴率族人在徐无山中修建坞堡居住的生活方式，他们仍以农业为主要生产来源，且坞堡内有严格的管理制度，教化也得到了相应的推行，此时有一部分坞堡已经更加具有聚集乡民、组织防御、联合生产的自治色彩。

此后，经过晋的短暂统一，因"八王之乱"、自然灾害的影响，国家又迅速走向分裂，再加上少数民族的内徙和众多农民起义，历史上第一次大规模的流民迁徙开始了。此时北方的生存环境尤为严峻，《晋书·慕容廆载记》称："百姓流亡，中原萧条，千里无烟，饥寒流陨，相继沟壑。"中原大族于是相继南迁避难，在官方组织崩坏的背景下，留在北方的民众也只有聚众自保。坞堡建筑于是由南至北遍地开花，其组织者虽不乏大家氏族，然而也有流民、兵匪。至十六国，各地统治者甚至根据坞主实力强弱授予不同的官职，坞堡于是正式成为新的地方政权机构。

魏晋南北朝的社会分割、政局紊乱给了坞堡这一建筑形式发展壮大的机会，在其社会属性上赋予了更完善的意义。且各地的人员流通，促进了文化的多元融合，包括坞堡在内的多种建筑形式也由此传播至中国各地，并根据各地特点发展了更多类型。这之后，隋唐虽也有战乱之时，但由于中央集权制度的推行，门阀世家的势力逐渐衰弱，主要作为地方武装力量而存在的坞堡也逐渐湮灭，但其作为民众自保设防的建筑形式却长期并普遍地存在着，在宋至明清时期，由于军事堡寨体系的完备，又有沿海防御系统的建立，坞堡形式的发展也更加多元化。总的来说，坞堡规模差别甚大，根据组织结构又有流民坞堡、家族坞堡、豪强坞堡等多种形式，其内部通常都有自己的规则约定，有邑里之类的基层组织，既是自保的防御组织，更具有生产生活的重要职能，后又根据实际情况发展出山水寨、村堡等类型，慢慢演变成现在多种多样的围居形式。

广东地区虽然早在汉时已归附中原，但因地处偏远，且自然地理条件与中原地区迥异，在很长一段时间都属于文人墨客笔下民风彪悍的烟瘴之地。但正因为这样，当中原战乱之时，此地反而成为流民迁徙定居的目的地之一。因此，广东地区在秦汉时就已有外地移民，他们大都因战乱辗转至此，本身惊魂未定的他们，面对陌生的环境，也急需在居住形式上获得一定的安全感。通过考古发现，广东地区出土的汉代明器中就有坞堡形式的陶屋，其形制通常呈平面方形的城堡式布局，分为内外两个部分，建筑外部有高大封闭的围墙，围墙前后各有大门，门上有门楼，转角处设置角楼（图1-6、图1-7）。楼上都设有瞭望用的窗口，多呈竖向狭长的样子。此外，围墙上还有代表梁柱等木结构的横纹，表明此时的坞堡可能是木结构做支架的。这些出土的坞堡明器内部各有不同，但大多是一到两层的层高，有居室和院落，甚至也有养殖等生产空间。可见，在坞堡发展初期，广东地区也已经有此类围居建筑的建造。其后，从魏晋开始的几次大规模北人南迁，也将后来在北地由坞堡发展衍变的建筑形式带到南方。其中一部分北人在广东地区扎根，其建筑保留了原有的方式方法，又因为就地取材等地域限制条件而有了新的发展，这种建筑形式也一定程度地影响了原本广东地区的居住习惯，此两种侧重各异的发展方向衍生形成了广东围居的基本范畴。再加上若干次移民返迁及境内人口流动，各地建筑文化相互交流，围居的基本范畴得到了延展，类型形式得到了更多地发展。

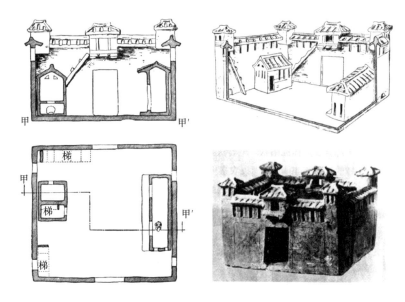

图 1-6　广州汉墓坞堡陶屋（摘自曹劲《先秦两汉岭南建筑研究》）

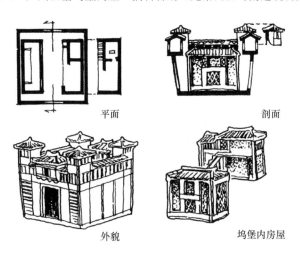

图 1-7　广州汉墓坞堡陶屋（摘自陆琦《中国民居建筑丛书——广东民居》）

　　同源的建筑形式在进入不同地区之后，由于对环境评判取舍的标准各异，都将产生"分化"，逐渐走上自己的发展路径。广东省的围居也是在这样的过程中发展而来的，其受家族群体内部向心力和对外防御性文化影响而形成，对应广东省的自然环境、社会环境、文化环境等又各自变化发展。

从魏晋南北朝开始的大规模流民迁徙，历史上主要有五次，几乎都与王朝的覆灭相伴而生。它们分别出现在魏晋时期、唐末五代十国、两宋末年以及明朝末年。在这些过程中，原本较为安宁的广东社会也逐渐因移民问题而发生了一些冲突，尤其是在山区等生产资料没有那么丰富的地方，为争夺土地来保证自身族群利益的械斗也时有发生。这些争斗通常在"山高皇帝远"的偏远地区，封建中央集权的统治本就薄弱，在战时更是无暇顾及。因此，这类地区的围居主要是为了应对社会动荡而建，其形式比较接近初始的坞堡建筑，具有比较强烈的地方自治特点，形成的是一种独立封闭的生产生活状态，又为了在动荡的社会中表明不忘先祖的志向，建筑形式往往强调中轴对称，内部中轴线上设置祠堂，成为团结家族的核心。此外，为了保证生产活动的顺利进行，柴房、畜栏等也多在围居内部建造。但在生产资料相对丰富的地区，土著与移民、移民与移民之间的矛盾就不那么尖锐，但也有一些村落偶尔会受到全国战火的波及，这种波及不是长期的，因此民众就转而修建一些能抵御进攻并生活一段时间的临时性防御建筑。这些临时性建筑本应在战后消亡，但因为一些原因可能继续投入使用，有些甚至成为长久居住的处所。这些建筑因为初始的临时性，往往不再设有祠堂，其防御目的也远大于生活目的，所以生活空间相对而言更加逼仄。除了内陆地区的争斗，沿海地区也会受到海盗的抢掠，尤其是在航海技术发展起来的明代开始，沿海居民对建筑防御性的要求提高了许多，于是也开始建造围居，他们或许吸收了内陆地区防御性建筑的特点，再根据沿海地区的实际抗争对象而建造更有针对性的围居建筑。

当然，一种建筑类型的形成都受到了多种因素的共同作用，除了族群的来源、社会文化环境的影响，当地自然地理环境也将或鼓励或阻止实际的营建行为。对丘陵地区的民众而言，崇山峻岭既是限制也是机遇。一方面，由于地形差异，围居的建造不能照搬过去的惯例，而需要适应山体高差变化，而且为了应对山地多发的山体滑坡等灾害，在防御内容上也需要扩展，此外，山地交通不便，建筑材料也需要就地取材。但另一方面，这种种限制也促进了新材料、新技术的使用，且险峻的自然地理条件本身也符合凭险而立的防御初衷，越是难以到达，越是安全。再加上讲究勘察山体走势、水陆格局，这一类围居对风水理论在民间的实际运用起到了推动的作用。而在沿海地区，虽然没有山地地形之复杂，但也要面对台风等沿海地区特有的自然灾害，再加上海盗等人为威胁，同样需要强有力的防御措施。与此同时，沿海建筑还要面对湿热气候的影响，而除湿的首要手段就是通风，但通风的建筑形式往往与用于防御的建筑形式背道而驰。在两者矛盾的取舍中，围居形式就衍生出更多的形式，并且在细节处有了更多凝结智慧的设计。在平原地貌区，围居建筑一部分因为无险可依而修建更加内向的建筑群体，以提高自身自给自足的能力，尽量减少对外的需求。而有能力在平原地带遗世独立的大都具有数量庞大的族群支撑，因此往往朝规模宏大的平面延伸，来保证族群的集体生活需求。而另一部分族群势力不够强大，又或者没有与当地土著发生巨大冲突的移民，则可能逐渐消解掉一些对外防御的构筑物，以聚合型村落的方式布局，原本的建筑单体也逐渐回归北方普通民居与防御性建筑相结合的形制。

总的来说，围居的发展过程充满了特殊性和不确定性。在唐代对国家基层组织进行改革重组后，以坞堡为主要类型的围居形式本身已失去了生存的土壤，逐渐消解成若干普通的村级单位。但是由于此后数次自北而来的战乱影响促成了中原移民南迁的选择，再加上中央政权对地域控制的强弱不一，给予了围居继续发展的土壤。在这期间，不同的环境使围居更具有适应性的自由度，在空间布局、单体形制、细部处理和装饰工艺等方面有各不相同的变化。又由于修建围居建筑的族群长期以来比较封闭内向，相互之间的交流不多，各自的特征也就越发突出。进入封建社会后期，因个人需求无法在规整有限的围居空间中得到满足，社会风气比较开放的地区已经由原本形制逐渐向更多变体转变，但是在地区文化比较滞后或环境约束性较强的地方，围居形式的变革速度和方向就与经济发达区不尽相同了。

1.3 围居特点

我国传统建筑历来讲究与自然的和谐统一，强调人是自然的一部分，因此应该顺应自然界的普遍规律。围居建筑虽然以防御为主要目的，但这种防御在营建观点上表现出的也不是抗拒环境的态度，而是以注重择址、顺应地利为主的适应环境。而环境不仅在空间上各有不同，在时间上也是会发生动态变化的，因此通过适应地形，不断查缺补漏的地形防御方式才最能体现围居建筑的环境适应性特点。

围居建筑营造的首要步骤就是择址，以险要地势作为动荡社会之中保障安全的屏障是最好的选择。陈寅恪先生曾说："凡聚众据险者，欲久支岁月，及给养能自给自足之故，必择险阻而又可以耕种，及有水源之地。其具备此二者之地，必为山顶平原及溪涧水源之地，此又自然之理。"因此，在山地地形中，一部分围居会将山体作为围合的一部分，以山体的险要作为外围防御的一部分。而另一部分围居，则利用山地的高差，形成高低错落的群体性围居建筑，依次增高的建筑形成多面环山的地形优势，并形成整个围居群的制高点。而在地势平坦的地区，也会充分利用水体、土坎或者植栽来增强防卫功能，在无险可依的地方，甚至通过挖掘人工河流、池塘等方法来增加地利优势。灵活处理的围合形态是围居建筑适应多变复杂的场地现状的必要手法，在边界的处理上，将山体、河流的自然边界加以利用，与人工边界共同形成围居，使村落的布局、建筑的形态都与环境相适应。

1. 安全防御性——层级防卫

围居建筑通过建筑形式或聚落的总体布局形式，来组织整体序列的关系，以防止陌生人的窥视与攻击。它的安全防御性特点一般是通过层级防卫来实现的，主要包括外围、街巷、建筑三个层面来构成。

围居外围防卫体系与古代城防的功能基本一致，主要由墙、门、角楼三个部分组成。从古代城防来说，墙的构建重点在"高、厚"二字，以应对仰攻和直攻。而围居的外墙，也是通过环绕闭合或者设于防御薄弱地带来形成实体的边界，既能对外形成防御效力，也能对内起到稳固稳定的作用。作为防御体系中最基本的组成部分，是围居中"围"字的直观体现，它的形式与形态是对环境适应性的一种补充，以完善防守薄弱的环节。此外，墙也是其他防御体系综合运用的平台，瞭望窗、垛口、射击口等，都是通过墙体的变化来实现的，垛口可以在作战时成为掩体，射击口因其狭小的开口，也能够在进攻的同时起到防护作用（图 1-8～图 1-10）。如陆丰市陂洋古寨，

图 1-8　围居建筑外墙防卫（一）

图 1-9　围居建筑外墙防卫（二）

图 1-10　围居建筑外墙富有装饰性的射击孔

其寨墙高有 5.5m，用灰砂夯筑而成，周长有 800 余米。部分围居设有两重外围，之间形成廊道，类似于古城防御体系中瓮城的功能，能够在外敌入侵时减缓进攻速度，起到"请君入瓮"后再从两侧夹击的作用。围居外围防卫体系中的门，作为连通外部与内部唯一的通道，同样需要着重考虑。其设置位置、自身形式和与外墙的关系都是体现围居防御性特征的重要媒介。有的围居建筑遵循坐北朝南的择址形式，主要的出入大门也安置在南侧，但也有根据地理优势，将大门设置在易守难攻的位置。门也经常以门楼等形式出现，门楼上设置便于值更的阁楼，强化外围防卫的作用。部分围寨还将门突出于围墙之外，以增加大门朝向的灵活度，如始建于嘉靖年间海丰县的官田寨，其前门就由东南凸出寨楼折向西南开外门。角楼则一般设置在城墙转角处，通过瞭望口可以观察两面或四面方位的情况，避免视觉死角，在战时安排人员进行监控、发动攻击（图 1-11～图 1-13）。除了墙、门、楼三者外，一些围居还会在墙体之外设置环水，大多开凿而成，也是起到类似护城河的作用，以加大围居外围的防御效果。

图 1-11　具有防御功能的角楼建筑

基础的外围防卫体系之内，各民居建筑由街巷体系组织起来，形成内部防卫体系。不同围居建筑的组织思路各不相同，体现出不同的防卫个性。在

图 1-12　防御功能的角楼与屋面的关系

图 1-13　角楼建筑的丰富造型

山地地区，有些围居的外围体系本身就顺应了山形地貌，与自然形态一致，因而内部街巷也多适应地形，通过街巷的方位转变和宽窄变化，创造出更加扑朔迷离的氛围，能够在外人进入时起到迷惑的作用。再加上小巷弯折遍布，既能阻挠敌人的进攻，也有疏散躲避的功能。在地势比较平坦的地区，则有条件遵循礼制秩序，设置比较规则的街巷系统。这种类型的街巷系统在防御功能上多注重"防"，如在主要的进村道路上，每个房屋都设置瞭望口，对行人进行监视，部分大型的村寨在街巷层级之间设置门楼，使村寨的防御体系可以层层推进（图 1-14）。

图 1-14　客家围居建筑的重围

围居内部的建筑单元是日常居住的基本场所，也是防御系统的基本层次。以单体形式存在的围居建筑，将整个防御体系集于一身，其建筑外墙作为外围围墙而必须具备防御效力，故而常常采用加厚、加高、少窗的形式，建筑平面四角也有建立角楼的做法，入户大门也多厚重，甚至包有铁皮以防火防攻。根据外墙形式又以四周环绕天井或是天井组合的方式布置平面，既能弥补外围墙体无法采光的缺点，又能够节约土地保持居住私密性。而以群落形成的围居建筑，其内部建筑一般以小家庭独立存在，更倾向于类似兵营的布局形式。也有将户与户的山墙面联系起来，使山墙构成的街道立面连续、封闭。每个单体建筑也以内向的合院形式为主，内部兼备生活、屯粮、掩护、攻击等功能。除了居住类建筑，也能在很多围居内部发现一些专作为防御之用的建筑类型，以散点的方式完善了整个防御体系。一般来说，此类防御建筑都建在地势较高的地方，本身也尽量高耸，以便俯视全貌。

2. 族群凝聚性——心理防卫

正如前文提到过的那样，修建围居的族群大都有强烈的不安意识，因此在心理上会在一定区域里表现出绝对的控制，即要求占领一定的领域，并与他人保持一定的距离，这也是围居建立的原因之一。为了强化围居建筑的领域存在感，人们在围居的整体形式、重点建筑的位置以及其他细节处理上都尽量附和心理防御的范式，形成较为完整的防御心理投射。

向心的图形具有凝聚的意味，故而成为围居建筑的首选。尤其是在开阔的没有边界的自然环境中，向心的、封闭的聚落形式或单体平面都是人们的首选。这种范式因为设定了一个能清晰识别的共有的圈子，能使居住其中的人们产生对族群的归属感。宗祠建筑的居中择址也是为了强化这种范式，将代表血缘、尊卑的礼制文化融入布局，成为民众共同的精神信仰，提升秩序感。同时，融入儒道思想的风水理论也是将心理防卫具象化的另一途径，通过将村落或单体建筑的选址、朝向、布局甚至是室内布局与人们对无常人生的美好期盼联系起来，真切地描绘出人们通过无数实际建造经验形成的对防御性建筑的理想期盼。如风水理论中对"水口""案山""龙脉"等的要求，都是为了加强对安全的心理需要。所谓"藏风纳气"，同样也是围居建筑从防御出发的具体要求。此外，人们也在建筑细节中通过一些构件或装饰来迎合防御心理，如泰山石敢当、鸱吻走兽等驱邪的构件就经常在传统村落中出现。在一些围村中，宗教类建筑也常被安置在特定的位置，以期对外来者产生震慑，形成心理压力。

围居的生活构成是由两个机能系统构成的：一个是宗法礼制的厅堂系统；一个是家庭生活的居住系统。厅堂系统包括祖堂、公共厅堂，天井庭院以及门堂、禾坪、池塘为家族公有，大家共用，它是典型的公共活动场所。住房、厨房、畜圈、谷仓等为各家庭所有，属于家庭生活的场所。其生活构成关系是居住系统围绕着厅堂系统，以厅堂为核心展开其家族生活。然而在大族的民居聚居中，宗族各房可以有自己的厅堂系统，相对独立出来，这样也就形成了各自相对独立的生活系统。

通过独立的宗族厅堂与其相适应的住房系统，构成围屋内的聚居关系。居住系统的不同组合，或者围屋的空间形态构成不同，产生出不同的类型，像围龙屋、枕头屋、五凤楼、方围楼、圆围楼、半圆楼、角楼、围寨等。厅堂系统的规模及配制的不同反映了这个家族宗法礼制观念的强弱或反映其开基祖的族望门第之高下。这种生活构成与其他非围居类聚族而居的传统民居具有明显的差别。其特征主要表现为以祖堂为核心形成严谨的"秩序"。祖堂是家族祖先的象征，"慎终追远"体现了对祖宗的崇敬。

祠堂家庙是汉民族建筑中不可或缺的重要组成部分，成为家族礼制活动的多功能建筑，它既是家族祭祀的场所，又是执行家法、家族议事、婚丧礼仪等公共活动的场所（图1-15、图1-16）。围居建筑将祠堂设立在居住建筑群的中心位置，并形成以祠堂为核心的建筑结构特点。祠堂是宗族社会里品位最高的公共建筑，族人总是倾其所有装饰于建筑群中祭奉列祖列宗的祖堂

图1-15　广府宗祠留耕堂内的象贤堂大厅

图 1-16　高要蚬冈村李氏大宗祠怀德堂

或祠堂。祖堂敞亮而庄重，正中设置的祖龛金碧辉煌，祖龛上题堂号，两侧贴堂联，点出发祥地或望族郡号，或炫耀祖公功绩及劝勉后代。而作为起居用的生活房间则以祠堂为中心分布在祠堂两侧或四周。这种以祠堂为中心的建筑布局和居住模式，显然有助于激发家族的自豪感、凝聚力、向心力，成为团结整个宗族、维系人伦秩序、延续家族血脉、强化家族意识、提高族人自尊的载体。

　　无论何种类型，何种平面形式的围屋或围楼，其空间形态构成的基本原则均为：围合性、向心性和对称性。这种围合、向心、中轴对称特征的布局，对以血缘关系为纽带的聚居生活具有一种强烈的内聚力。

　　（1）围合性

　　围屋围楼，首先是以厚实的墙体在大自然中围合成一个安居乐业的空间环境，这是围合聚族而居以维持家族共居的基本条件。综观各种聚居建筑形态，围居建筑的显著特点是防御性强。如客家人的聚居地往往是山贫地瘠，自然环境恶劣的偏僻山区，个体的生存极为困难，加之惧怕其他族群的攻击和野兽的侵袭，所以客家人多以血缘为纽带聚族而居，建造攻击性较弱而具有极强封闭型防卫性民居。

但是在民居内部，各个用房却较为开敞，互相联系，尤其在方楼、圆楼中，敞亮的回廊联系各个用房，公共性联系的要求远远超过私密性封闭分隔的要求。

围合性的封闭程度是取自当地的环境状况，在不同的自然和社会环境的影响下，围合的程度亦不相同。在客家占优势的客家文化核心地区，如梅州等平原地区，防御的要求相对要少一些，建筑围合防御的状况会减弱，而在边缘地区及山区，防御的要求占相当大的比重，因此建筑的围合性的封闭程度就会强化。

（2）向心性

围居的中心常是放有祖宗牌位的宗祠祖堂，祖堂是家族祖先的象征，它通过宗法礼制观念以及家族观念来"监督"家族成员，具有很强的威慑力，其核心点表现在对祖宗的崇敬，即以祖宗牌位为中心的一种家族人文秩序。"慎终追远"体现了历史涵义，在家族延续过程中，就是以血缘关系为纽带的聚居生活（图1-17、图1-18）。

图1-17　潮州许驸马三进后堂家庙

图 1-18　郁南光二大屋厅堂天井

礼制的厅堂和庭院空间是建筑中最重要的空间,以祖堂为核心的平面构成关系形成了空间的向心性,这种向心性表现在所有厅房均朝向祖堂,无论是方形平面布局还是圆形平面布局,也无论是全围合空间还是半围合空间,祖堂就是这个聚居小宇宙的中枢。

(3) 中轴性

中轴性是围居空间构成的又一特征,无论何种类型、何种平面,都严格表现了中轴对称、井然有序的空间序列。大门、祖堂、公共厅堂、内院天井都布置在一条中轴线上,大门也通常位于祖堂的轴线上,并且与祖堂相对(图 1-19～图 1-21)。

图 1-19　中轴对称、主次分明的祠堂家庙空间

图 1-20　大埔光禄第从后堂看中堂

图 1-21　大埔光禄第从中堂看后堂

中轴线的建筑华丽、高大，塑造出核心建筑的气韵，而中轴两侧是横屋或厝屋，表现出建筑的主次分明、尊卑有序的等级差别，以及冷峻族权、血脉传承的宗法观念。这种反映在建筑上简单而强烈的政治伦理色彩，成为人们遵守道德规范、维护社会秩序的一种约束力。

这种围合性、向心性和中轴性特征的客家民居聚居布局对每一家族成员来说都具有一种强烈的内聚力，应该说，围居家族群体凝聚力的产生，多多少少都受到这种空间形态构成的影响。

2 围屋

2.1 围龙屋

　　围龙屋是广东兴梅客家地区最常见的一种集居式住宅，主要建于山坡上。它分为前后两部分，前半部是堂屋与横屋的组合体，后半部是半圆形的杂物屋，称为围屋。围屋房间为扇面形，正中间称为龙厅，其余房间都称为围屋间。围龙屋的分布，以客家聚居腹地梅县、兴宁为中心，向周边辐射，是广东客家民居中数量最多，规模宏伟，集传统礼制、伦理观念、阴阳五行、风水地理、哲学思想、建筑艺术于一体的民居建筑。

　　围龙屋的发展很有特色，它以堂屋为中心，多为二堂屋或三堂屋，也有一堂屋（即单门楼），然后在两侧加横屋，后部加围屋即组合而成。

　　前部的堂横屋由居中的纵列堂屋和两侧的横屋组合而成。堂横屋以中轴对称式布局，其基本结构是在中轴线上布置为二堂（厅）或三堂，最多者达五堂，在堂屋的两侧加有横屋。民居保持了中原地区四合院布局的组合特色。横屋数量不拘，视家族人口而定，但一定要对称。后围数量与横屋相呼应，以平面布局完整为原则。有的围龙屋把门前禾坪周围砌上高高的围墙，在两端各开一个大门，称为"斗门"，形成一个封闭的院子。围龙屋组成后的形式有：单门楼四横加围屋（图 2-1）、双堂双横加围屋（图 2-2）、双堂四横加双围屋（图 2-3）等。

　　围龙屋的主体是堂屋，所谓堂屋，即中轴上的厅堂建筑，最少的为二堂，一般三堂。三堂是指沿中轴线进大门后的下堂、中堂、上堂，又称三进或三串。下堂为门厅，饰以屏风；中堂为大厅，面积通常大于上、下堂，是家族议事与举办婚丧等活动的空间；上堂为祖堂，设神龛和祖公牌位以供祭祀。上、中堂间多饰以屏风，上、下堂两侧有卧室，中堂天井两侧也有设花

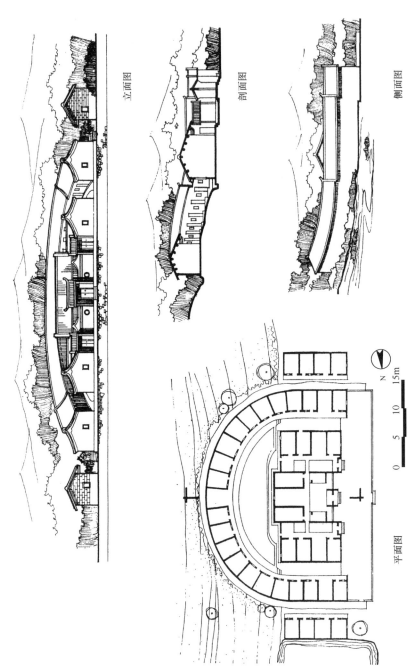

立面图

剖面图

侧面图

平面图

N

0　5　10　15m

图 2-1　梅州大埔单门楼四横围龙屋

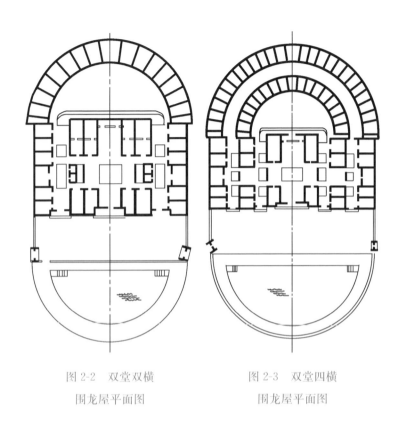

图 2-2　双堂双横　　　　　图 2-3　双堂四横
围龙屋平面图　　　　　　　围龙屋平面图

厅或卧室，堂与堂之间以天井相隔。堂屋两边有衬祠，一般以巷径隔出明间、次间、梢间和尽间。

　　堂屋两侧为横屋，是指纵向排列且房门对着堂屋的房屋，即横屋门窗均朝中轴的堂屋方向开启。堂屋与横屋之间以天井相隔，周边又以走廊相连，横屋视其长短需要设有花厅。后面建半月形的围屋连接横屋，所谓"围龙"就是指堂横屋后面半月形的围屋，一般用作厨房或杂间，围龙顶端中间的房子是龙厅，是祭神用的神圣之地。围屋与堂横屋之间的半月形斜坡地面称"花头"，一般镶以卵石，便于排水，此处可作晾晒物品和活动空间。堂屋正面为大门，横屋开侧门，有多少横就有多少个侧门。围龙屋多依山而建，前低后高，凸出中轴堂屋，蔚为壮观。中轴门廊内凹，两侧横屋有侧门，常为一横一侧门，侧门与正门平齐。大门前有长方形的禾坪，或称晒坪，用作晾晒谷物和其他农作物之用，逢年过节以及红白好事时可作活动空间。禾坪前有低矮的照墙和半月形的池塘，该池也称月池或伴池，可作蓄水养鱼、浇菜灌溉或消防排水之用。

据史学家考察，这种民居布局原是中原地区的屋村形式，其平面是画一个大圆圈，中间是一条十几米宽的大灰场（即禾坪），上下两个半圆，一是屋舍，一是池塘，屋舍后面是树林包围，池塘前面则是菜地。现在的客家围龙屋也正是按照这种屋村形式变化而来的，中间为方形，两端为半圆形，寓意吉祥，据阴阳五行之说，认为圆形朝前，基地方正，算是大吉。在风水学上半圆的池塘与内围龙的半圆花头相配搭，便成了"天圆"，堂横屋象征着"地方"，塘水深陷属阴，花头高亢属阳。这样，整个围龙屋，即水塘、禾坪、堂横屋与花头围龙的总体组合，再加上围龙附近的山水环境，便可谓阴阳调和、天圆地方。这实际上是客家人在追求一种天人合一、人与自然统一和谐的生活环境。

围龙屋有大有小。小者一围，屋前中间设一大门，两旁二小门，不过几十户人家。大者有数围，屋前设有一大门外，两旁小门有四或六，住百多户或数百户，它的规模、大小依住户人数而定。围龙屋围数的多少，取决于家族的发展状况和地形位置等因素，一般在初建时仅一围，以后不断增加。小型围龙屋仅二堂、二横、一围龙。大多是三堂、二横以上，甚至四横、六横、八横的。横是随家族发展可以不断添加的，随着横的增加，围龙也不断增加。可以二横一围龙、四横二围龙、六横三围龙……可多达十横五围龙以上，十分壮观。堂也有大型至四堂五堂的，但围龙与堂的多少无涉，只与横的多少有关。但也有一些先建的堂屋由于位置、规模的限制，无法与围龙连起来，形成残缺之状态。

围龙屋在艺术造型上很有特色，当地称它为"太师椅"，它比喻建筑坐落在山麓上稳定牢靠（图 2-4）。建筑与山形配合得体，前低后高很有气势，半圆体与长方体结合别有风味，构图上前面半圆形的池塘和后面半圆形的围屋遥相呼应，一高一低、一山一水，变化中又协调。

图 2-4　梅县南口镇围龙屋

1. 南口宁安庐

　　梅县南口宁安庐是客家地区一座典型的围龙屋民居，三堂屋加两侧横屋的组合体，后部为半圆形围龙，由正中的围屋厅和十四间平面为扇形的围屋所组成（图 2-5、图 2-6）。围屋与正座建筑之间用过道间相连接，过道间也是围龙屋通向两侧侧门的交通道。围龙结合地形，建于山坡，不占农田，形成房屋前低后高状。至于形成这种围龙布局形式的原因，主要有两方面，其一是同族聚居，便于互相照顾和安全防御，故围龙屋的外墙很厚，达 1m 以上，墙身坚固。其二，围龙屋依山而建，可节约农田，又利于排水，同时，半圆形坚实的围屋可防止山洪暴发后雨水的冲击，也可阻挡寒风。

2. 潘氏德馨堂

　　梅县南口潘氏德馨堂，坐西南朝东北，为二堂四横双围龙民居建筑。德馨堂是印尼华侨潘立斋于 1905 年始建，1917 年全面建成，是一座两堂四横两围龙建筑，房间布局为通廊结构。它利用斜坡，前低后高地建"花头"围龙。两侧附属建筑作杂物间，引山泉水作自来水用，前面有长方形禾坪，禾坪下有长方形绿化地，门前有一半月形池塘，屋后有一座果园，栽种岭南佳

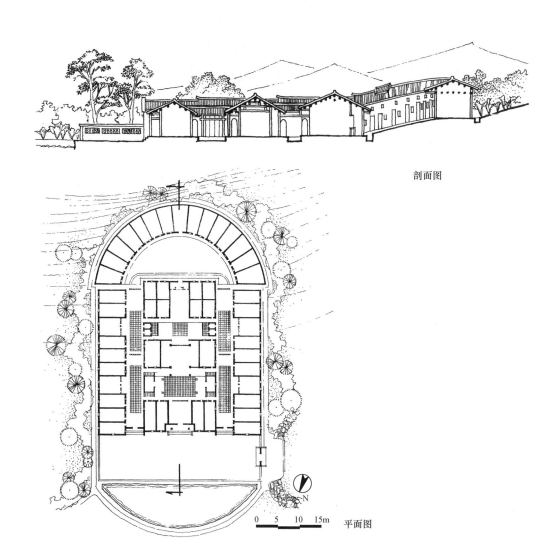

剖面图

平面图

图 2-5 梅县南口镇宁安庐平面图、剖面图

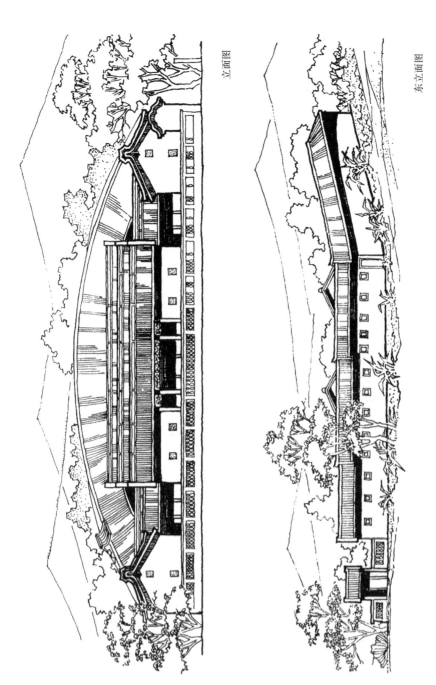

立面图

东立面图

图 2-6　梅县南口镇宁安庐立面图

果。该屋的特点是两层围龙，内围与外围相通，外围与内围之间的距离较窄，地板用三合土夯实。全屋占地面积为7500m²，共有66间，8厅（图2-7～图2-10）。

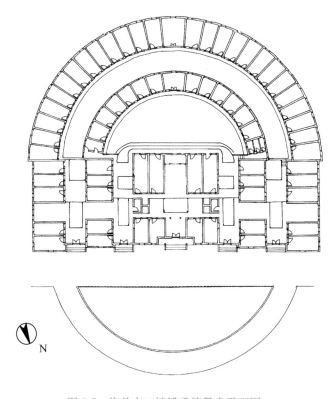

图 2-7　梅县南口镇潘氏德馨堂平面图

　　最令人称赞的是屋内的"之"字形下水道设计，管道相互连接将水汇聚在天井，再由天井的排水道排出。进入"德馨堂"正门，有几个可揭开的水泥石块，里面各放置一个瓷盎，瓷盎不大不小，刚好能在底下旋转，却提不出地面，这瓷盎起着过滤垃圾的作用，当水流冲击瓷盎转动时，水流通过，而垃圾则被阻拦下来，可有效防止下水道阻塞，同时也便于屋主清理。

图 2-8　梅县南口镇潘氏德馨堂

图 2-9　梅县南口镇潘氏德馨堂花头

图 2-10　梅县南口镇潘氏德馨堂后围

3. 丘氏棣华居

　　丘氏棣华居位于梅县白宫镇富良美村。该村是一个很大的自然村，村民多姓丘，先祖由福建上杭迁到广东今梅县，至今已有数百年历史。棣华居建成于 1918 年，占地面积 520m²，建筑面积 2270m²。坐东北向西南。它是一座二堂、四横、一围龙，前有禾坪和月池格式化的围龙屋（图 2-11～图 2-13）。禾坪东侧建转斗门，西侧建两间杂物间，围屋东侧另建一排牲畜房、厕所及其他杂物房。其特别之处在于围龙连接外横屋，其木梁架结构、封檐板，屏风等雕刻、彩绘题材广泛，内容丰富，绘画中有飞艇、轮船之类，并有戊午（1918 年）和壬戌（1922 年）年款。棣华居门联为"棣棠竝茂，华萼相辉"。藏字"棣华"，取自《诗经·小雅》："棠棣之华，鄂不韡韡？凡今之人，莫如兄弟。"反映了客家人遵循"三纲五常"的儒家思想。

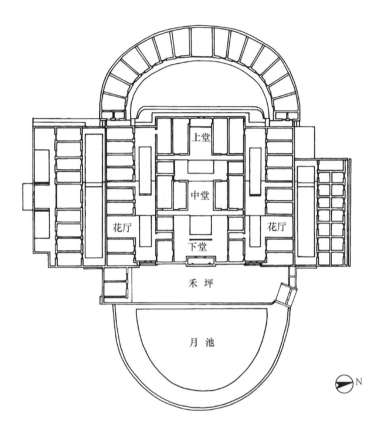

图 2-11　梅县白宫镇富良美村丘氏棣华居平面图

图 2-12　梅县白宫镇富良美村丘氏棣华居

图 2-13　梅县白宫镇富良美村丘氏棣华居前院入口

4. 丘逢甲故居

丘逢甲故居培远堂在蕉岭县城北面 15km 的文福镇淡定村，占地面积 3200m²，建筑面积 1140m²，是丘逢甲从台湾挥泪内渡后于清光绪二十二年（1896 年）建造的一幢二堂四横一围的围龙屋（图 2-14、图 2-15）。丘氏先祖南宋随文天祥抗元败北后定居梅州蕉岭，1662 年郑成功收复台湾后，丘逢

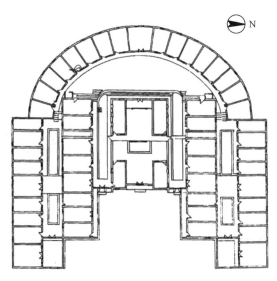

图 2-14　丘逢甲故居培远堂平面图

图 2-15　丘逢甲故居培远堂外观

甲曾祖迁入台湾新化。丘逢甲 14 岁应童子试，获全台湾第一名，成为全台有史以来最年轻的秀才。1888 年，赴福州应试中举，1889 年进京考取三甲进士。1895 年中日甲午战争失败后，为保台湾，丘逢甲筹办义军，并担任大将军。1895 年与日军血战不敌后，丘逢甲回原籍蕉岭淡定村定居，自建"心泰平草庐"，其名曰"培远堂"，堂侧两厢名为"念台精舍"和"岭云海日楼"，念念不忘复台雪耻。

　　培远堂坐东向西，前有禾坪和月池，建筑布局左右对称，背靠卢山峰，前为宽阔的田畴。建筑细部处理得当，各种彩绘、雕刻、题字点缀其间。南横屋"念台精舍"，为居住房舍，丘逢甲内渡后，常念复台，教育后辈要"永念仇耻，勿忘恢复"，这里的房屋窗户也以"台"字为记，直至临终，丘逢甲仍叮嘱亲人："葬须向南，吾不忘台湾也。"北横屋"岭云海日楼"，作书库、客室，丘逢甲在这里写下了许多爱国诗篇，诗集《岭云海日楼诗钞》就是以这间书屋命名的。后边围屋作厨房和储物室。

5. 仁厚温公祠

　　建于 1540 年的梅县丙村镇群丰村仁厚温公祠，是一座三合土墙的围龙屋建筑，有三堂、八横和三围龙，其中三堂为明代建筑，其余是逐步建成的。正面有禾坪、矮墙、斗门和半月形池塘。核心部分三堂屋面阔七间，通宽24.96m，通进深54.2m，堂屋由天井、廊道和厢房组成，下堂和中堂均置有屏风，上堂为祖先神龛之处。两侧各有四横屋，每座横屋分三段，每段五间，纵向四条天街，横置二条巷道，纵横相连，交通方便，不但解决了采光问题，而且还利于通风。三层后围屋，相互依据围龙的进深、巷道，保持平行弧线。第一层围龙屋居中置龙厅，左右各13间；第二层龙厅左右各有17间；第三层龙厅左右各20间。第一层围龙屋与堂屋间做成半月形花头。整个屋场前低后高，表现了人们希望步步高升的愿望，在外观上又显得较为雄伟、壮观（图2-16）。

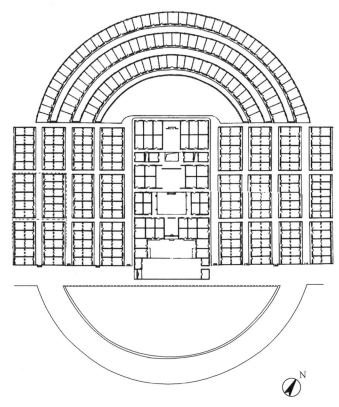

图2-16　梅县丙村镇群丰村仁厚温公祠大型围龙屋平面图

2.2　枕头屋

还有一种围龙屋的衍变形式，称枕头屋。枕头屋布局与围龙屋布局相似，不同的是将后围屋的弧形平面形状改为一字长条形，所以当地俗称"枕头屋"。

1. 张氏光禄第

张氏光禄第位于梅州大埔县西河镇车龙村，村落环境优美，一派田园风光，是著名华侨实业家、张裕葡萄酒"金奖白兰地"创办者张弼士的故居。张弼士是清朝著名的"红顶商人"，他拥有资产8000多万两白银，富可敌国。晚清时期，张弼士在国内外政商两界声名显赫，张弼士年轻时在南洋经商，1893年清代光绪皇帝任其为槟榔屿总领事，1894年任新加坡总领事，1903年晋一品冠戴，补授大仆侍卿，再授光禄大夫。为振兴祖国工业，他先后投资兴办粤汉铁路、广三铁路等。1898年，他在印尼的雅加达和苏门答腊创办了两家远洋航运公司。1892年，张弼士在烟台创办的"张裕酿酒公司"，拉开了中国葡萄酒工业化序幕，也为他赢得了"中国葡萄酒之父"的美誉。经过20余载的努力，张裕酒在1915年的巴拿马万国博览会上一举获得四项金奖。此后，张裕酒被海外华人誉称为"国魂酒"。

光禄第建成于1908年，建筑面积4180m^2，坐北向南，前低后高。它是一座三堂、四横、一围的围屋。屋前为禾坪，禾坪前有围墙和凹斗门，禾坪东、西两侧建厨房和杂物间。外横屋与后围屋连接，横屋由前至后瓦面分五级层层跌落，后围与一般的枕头屋有所不同，为两头抹角略带弧形，花头成长方形天街的围屋，外横屋和后围屋高二层，立砖柱，建内回廊，二楼设木栅栏阳台，硬山顶瓦面出檐。光禄第共有18个厅，13个天井，99个房间，院门前有清政府御赐"乐善好施""急公好义"牌坊，正门上的"光禄第"匾额为清代名臣李鸿章手书。前檐和堂屋的梁架、封檐板以及屏风等木构件金漆木雕考究，不失为艺术精品（图2-17～图2-20）。

图 2-17 大埔光禄第外观远眺

图 2-18 大埔光禄第外院围墙凹斗门

图 2-19　大埔光禄第立面外观

图 2-20　大埔光禄第后堂天井

2. 南华又庐

南华又庐坐落在梅州梅县南口镇侨乡村，由印度尼西亚华侨潘祥初建于光绪三十年（1904 年），距今已有百年历史。庐舍占地面积 10000 多平方米，共有房间 118 间，大小厅堂几十个，人称"十厅九井（天井）"，是梅县集大规模、精美设计于一身的客家围屋，是客家地区保存最完好的古民居之一（图 2-21～图 2-25）。

南华又庐是粤东客家地区典型的三堂四横枕式围龙屋，即将围屋的弧形平面改为长条形。庐舍主体部分依据传统，以禾坪、下堂、天井、中堂、天井、上堂贯穿中轴，三堂雕龙画凤、装饰精美。大门下堂入口为三开间的凹斗门，做成柱廊。与传统不一样的是，中轴主厅堂两侧不置厢房，形成纵向三路堂屋，并在前后庭内引进花墙、敞厅、敞廊、金鱼池、花台、六角亭等，使得院内生动活泼，情趣盎然而又宽敞明亮。

堂屋两侧的四列横屋则与一般通廊式单间的横屋不同，横屋均匀分成八个部分，由潘祥初八个儿子各居其一，各配厅堂一间，左边中、兴、伊、始，右边长、发、其、祥，另有卧室若干间。更为独特的是，八个侧堂屋中间主堂屋既是独立的个体，但在必要时将彼此相接的两堂屋之间的大门打开，整座庐舍又成为彼此相通的联合体，所以当地人又称之为"屋中屋"，是该建筑最具特色处之一。

庐舍围屋部分有枕屋一排、厨房二座，即左右各一座。枕屋两头设碉楼，用以瞭望和射击，起到防御功能。围屋宽阔的平地上一侧开辟为有果园，种有各式各样品质优良的岭南水果，如龙眼、荔枝、芒果、杨桃、番石榴、人心果等；另一侧开辟为花园，建有莲池、石花、石山、奇花异草。

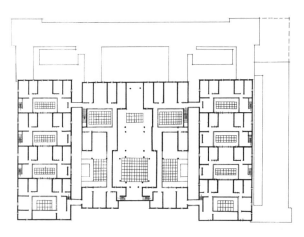

二层平面图

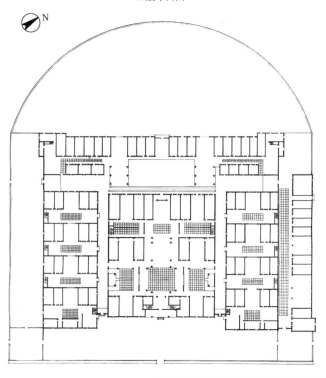

一层平面图

图 2-21 梅县南口南华又庐平面图

图 2-22　梅县南口南华又庐入口外禾坪

图 2-23　梅县南口南华又庐外观

图 2-24　梅县南口南华又庐入口凹斗门

图 2-25　梅县南口南华又庐偏院敞厅

2.3 府第式从厝围屋

潮汕大型府第民居以祠堂为中心，与从厝、巷厝、后包等组合成变化丰富的住宅形式，如三落二从厝、三落四从厝、八厅相向、驷马拖车等。在建筑布局上，潮汕民居多呈现严谨方正的群体组合，保留了中国古代建筑强调布局对称均衡的传统特色。各类民居组合甚至可以组成一个大围屋，建筑装饰上喜用色彩鲜明对比强烈的木雕、石雕、嵌瓷等，建筑装饰华丽，造型"鸟革翚飞""雕梁画栋"。

这种大型府第民居最有气派最有特色的是位于轴线中心上的厅堂格局，形式也最多，通常采用三座落式（图2-26）。三座落也称三厅串，即门厅（也称前厅）、中厅（也称大厅）、后厅三厅连贯排列，平面布局中，后厅是供祀祖先的厅堂，也是丧日停柩之处。而日常生活起居、接待客人，则在中厅。一般的厅堂为三开间，大型的厅堂有做五开间，潮汕地区称为五间过，五开间的厅堂中间天井较大，四周房屋围住天井，前后座房屋除正中为大门和厅堂外，其余布置有卧房、厨房和贮物间等。

各种府第民居就是以三座落平面为主体，旁加从屋，后加后包等辅助建筑组合而成，它的组合变化丰富，有三落二从厝（三座落两旁各带两侧屋者）、三落四从厝（三座

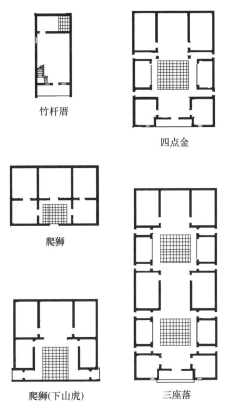

竹杆厝

四点金

爬狮

爬狮（下山虎）

三座落

图 2-26 潮汕地区民居常见类型

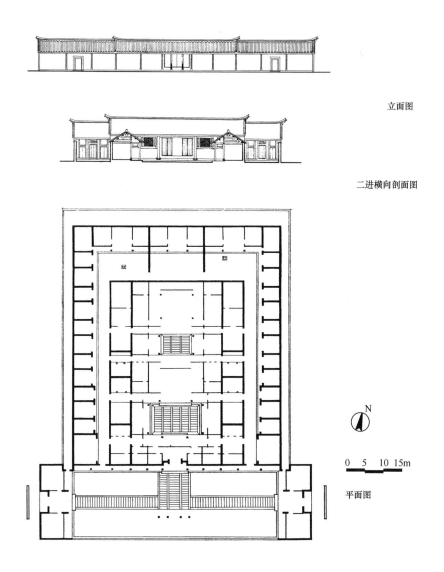

立面图

二进横向剖面图

平面图

图 2-27 潮州三达尊黄府平面图、立面图、剖面图

落两旁各带两重侧屋或再带后屋者)、驷马拖车(三座"三座落"、两侧各带两从厝、后带后包者)、如潮州名宦旧家,潮州猷巷黄府可以说是三座落组合的一种典型平面。而规模较大、等级较高一些的民居府第,常由五间的三座落平面为基本单元加以组合,此外,还有超过五间过者,如七间过,潮州

三达尊黄府（图 2-27）、潮州许驸马府，就是属于七间过组合与发展的大型平面形式。

　　潮汕府第由三座落、四点金平面组合变化、发展而形成一种方形平面者，称为"图库"，有的地区称为"围"，这是乡村中一种大型的集居式平面住宅。其住宅形式与客家围屋有些相近，它的平面布局是：以三座落为主体，两侧带厝包、或一垂、或二垂，后面带后包所组成。它的最大特点是四角有微凸的碉房，是作为防御用的。它的外围高两层，也有三层者，三砂土墙体，很坚实，一般不开窗，中间为单层，厅堂是活动中心，出入口主要是大门。图库是潮汕地区密集式民居的一种形式，通常为一个姓氏族人共同使用，有互助与防卫作用。图库的平面是，正中为三座落，两侧为厝包，再两侧为横屋，其背面再加后包屋组成。这种规整的平面形式，好像一个繁体的"圖"字，故当地称之为"图库"。图库的特点有三：一是严格的封闭性，建筑物周围用高围墙，一般为两层，少开门，不开窗；二是四角带有角楼，做瞭望防御用；三是平面内，每一区都设围墙，围墙设洞门，建筑物之间也都设门，甚至房间之间也都设门，这些门户平时可开通联系，一旦有事发生即可关闭。因而，图库建筑实际上是一座有利于保卫和防御的集居住宅群。由于图库封闭性强，对外门窗少，内部房间也不开窗，故带来了通风和采光的严重不良现象。同时，内部间隔重重，出入不便，不利于生产和生活。这种建筑平面布置有潮阳峡山镇桃溪村的图库民居（图 2-28）；还有位于揭阳仙桥永东乡的图库村，规模较大，主体建筑古溪祠堂建于清雍正年间，祠堂为三进，占地 2000 多平方米，前、中厅宽五间，后厅宽三间，供有祖宗牌位。

　　在族人较多聚居的宗祠厅堂和大家族的家庙厅堂，为了有更多的空间便于活动，在天井院落两侧做成东西厅，二进建筑则成四厅相向（天井中央两厢也做成厅堂形式），多进建筑可做成八厅相向（三座落两厢处理成厅堂形式）。对于要举办大规模祭拜活动的祠堂厅堂，必须阔大。然而按照《阳宅撮要》的原则："小堂宜团聚，中堂略阔而要方正，大堂宜阔大亦忌疏野。"太过阔大的厅堂就不免"疏野"而不聚气，同时空间过大则阳气太盛，而祖

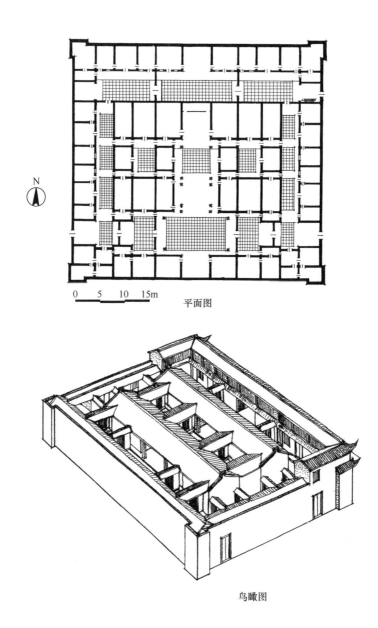

平面图

鸟瞰图

图 2-28　潮阳峡山镇桃溪村的图库围屋

宗的神灵属阴，从祖宗牌位所仰望所见到的天空（"过白"）不宜太多。因此，为抑制过盛的阳气，就在后厅与天井之间建有"拜亭"（也称"抱印亭"），以抑制神灵前的阳气，使祖宗能够安享祭祀。拜亭的建造既可为祭拜的后人遮日挡雨，又增添了建筑之气势。

驷马拖车是潮汕大型府第民居的称谓，它的整个格局可以看做是多座四点金的合并和扩充。以一座多进的宗祠或家庙为中轴中心，两旁再并以前、后相串的四点金，成为中间大、两边小的三座天井院落建筑相并连，称"三壁连"。若五座相连就称"五壁连"，最多可达"七壁连"。在三壁连或五壁连的两边加上从厝与后包，后包是为了保护主体建筑和防盗而设，这种平面布局就是"驷马拖车"。可以说"驷马拖车"是这类民居形式的形象表述，以中间的大宗祠或家庙象征"车"，左右两边的次要建筑象征着拖车的"驷马"。

驷马拖车民居多为豪富或显宦的人家所建造的，中厅及前院南北厅是平时用来接待客人的，前院的房间也用作客房。中厅和后厅是长辈们议事之处，内眷一般住在后院，从厝排屋则作为族人、佣工的住所。后库则是供办丧事时停放棺柩的地方。主体建筑的大房由长辈居住，其他房间由小辈居住。磨房、厨房、浴室、厕所等生活用房都集中在左边的火巷。一般来说，驷马拖车的正门前面会留一块地作为广场，广场的两边建有大门，称为"龙虎门"，为左青龙右白虎，门前的广场可供客人安顿车马。宅院结构规整讲究，反映了潮汕地区一种严格区分尊卑上下、男女内外，又注重崇宗睦族的文化传统（图2-29）。

这种以宗祠、家庙为中心，左右护厝和后包围护的中轴对称的"从厝式"民居组群，具有非常强烈的向心性，附属建筑向这个中心凝聚，并按尊卑顺序围绕着展开，从而形成一个既抱成一团又可向外辐射的建筑整体。这是从古代世家大族居住的府第衍变而来的建筑形式，集居住与祭祀于一体的功能是其重视宗法制度的产物，因其根深蒂固的宗法宗族制度，才使这种能充分体现礼制观念的"府第式"群落得以留存。所以，大型的宅第民居因两旁从厝和后包由一座座"下山虎"相连围护而成的向心布局被称为"百鸟朝

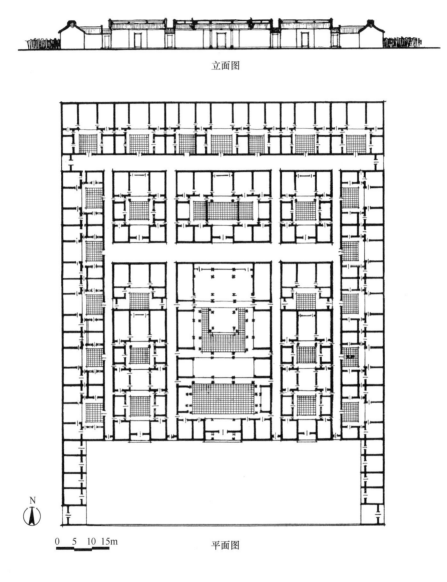

立面图

平面图

0 5 10 15m

图 2-29 广东揭阳港后村驷马拖车围屋

凰"。"百鸟"意指众多相围的房屋，有的民居府第非要凑够总数 100 间房来
围绕中心厅堂的"凰"才认为够规格。像揭西棉湖郭氏府第，清雍正年间所
建，建筑占地五千多平方米，五进院落，带四条火巷和从厝，后有"去天尺

五"的高 14m 的琼楼，建楼之时，由于边角上的一户人家不肯转让，宅地只够盖 99 间房，为凑足一百之数，郭氏特意在井下再挖一间暗房，使之成为真正的"百鸟朝凰"。而建于清同治年间的揭阳榕城丁日昌故居，占地六千余平方米，以中间一座二进祠堂为中心，组合成一类于繁体的"興"字形建筑格局，"興"上半部主体建筑有房 96 间，下半部为东、西 4 个斋房，共计 100 间，做成名副其实的"百鸟朝凰"。

1. 许驸马府

许驸马府在潮州城区中山路葡萄巷东府埕 4 号，是北宋太宗曾孙女，即宋英宗皇帝赵曙的长女德安公主（其父赵曙太子时封郡主，登帝后封为公主）驸马、殿直许珏的府第，故民间称之为"许驸马府"。许珏是唐宋"潮州八贤"之一许申的曾孙，少时天资厚质，娴韬略而精易理。许珏初以祖荫得为宋仁宗皇帝近卫武官，授左班殿直（宋朝武职官名），后为宾州观察使、广南西路大总统兵马都监（统广东、广西、云南三省），继叔父许闻义任宾州知州，封武功大夫。宋神宗熙宁八年（1075 年）交趾入寇犯境，朝廷以郭逵为安南招讨使，许珏驸马为都监，监郭逵军南下征剿。收复邕、廉等州，声威大振，安南主李乾德惧降，遂凯旋，珏屯广南防边。

府第始建于北宋英宗治平年间（1064—1067 年），历经多次修建，1982年曾对二进的木柱和三进楹桷作碳 14 测定，确定木结构为明初替换之物，建筑仍保留宋代的基础格局和特点，是潮州保留得较为完整的宋代建筑物之一。

整个府第占地 2450m²，建筑面积约 1800m²，坐北朝南偏东，面宽41.8m，进深 48.2m。主体建筑为三进五间，其三进主体建筑与前后进两侧插山构成了"工"字形格局。正座东、西两旁为厝屋与侧巷，带有厝厅、卧房、书斋等，形成相对独立的格局。第一进与第三进之间通过开敞的中厅、天井檐廊连接（图 2-30～图 2-32）。后面有横贯全宅的后包，过去为御书楼，宅内有四口水井。

图 2-30　潮州许驸马府中轴厅堂院落

图 2-31　潮州许驸马二进中厅

图 2-32　潮州许驸马府从厝偏院

许府的木构梁架为五柱穿斗式，柱子多为圆木柱，立于条状连续的石地栿梁上，墙体为板筑夯灰和青砖砌筑，梁柱、门窗用材硕大，屋面举折平缓呈弧形弯曲，出檐深远。大门刻着古朴莲纹图案的木门簪，高门槛，密窗棂。整座建筑以庭院厅堂为中心，结构严谨，主次分明，装饰简洁，古朴大方，是现存潮州"府第式"民居的最早形制（图 2-33）。

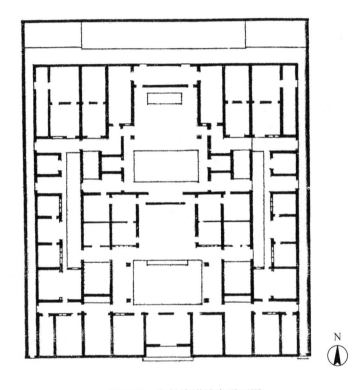

图 2-33　潮州许驸马府平面图

从宋代开始，这种以多开间三座落平面带从厝的"府第式"民居建筑逐渐在潮汕流行开来，并且这种格局渐趋稳定与成熟，一直恒稳地延续下来。潮州西平路北段建于明崇祯年间的黄尚书府，该府主人礼部尚书黄锦是明代的多朝元老，被尊称为"三达尊"，所以该府也被称为"三尊黄府"，其平面布局与许府相似，属于从厝式的府第民居。

2. 德安里府第

德安里府第位于揭阳市普宁故城洪阳镇南村，为清末广东水师提督方耀故居，是方耀与其兄弟共同营建的家族集居地，也是潮汕地区现存规模最大、保存最完整、历史时期较长的巨型府第式建筑组群。德安里府第群始建于清同治七年（1868 年），至光绪十六年（1890 年），陆续用了二十余年时间建成。德安里府第建筑组群包括老寨、中寨和新寨等。三寨（即三座府第）相连，占地面积 6.3 万平方米，建筑面积 3.2 万平方米，房屋 773 间。

各府第内有官厅、祠堂、佛堂、书斋、卧室、餐厅、库房、阁楼、门房等，府第群建筑规模庞大，构筑精美（图 2-34）。德安里府第群还有寨前广场、后花园、莲池、寨门、围墙，围墙外有护寨河。

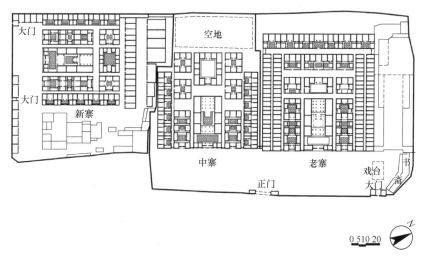

图 2-34　德安里府第群平面图

方耀（1834　1891 年），字照轩，生于普宁县洪阳西村（今洪阳镇）。行伍出身，以剿太平军发迹，官至广东水师提督。其兄弟有六人，方耀和四弟方勋是清廷在编的武官，其他兄弟也都先后受到清廷的赐封。因骁勇善战，被誉为"谋勇将军"，并被清廷赐号"展勇巴图鲁"。任潮州总兵期间，在"清乡办积案"时，铁面无私，通过沿海乡村清剿内匪、内贼，断其匪贼海盗内外勾结，凡抗官、杀官、抗命的盗匪罪魁祸首，一律清剿，格杀勿论，惩办匪众三千余人，消除各帮派争斗造成的社会动荡不安。因方耀整顿社会治安的功绩，当地修建"方大人公庙"，至今香火犹未绝。在方耀的诸多建树中，最为人们所称道的是重教兴学，由他督建督修的书院有几十所，乡校和私塾上百所，还开设韩江书局刻印图书，筹款建惜字宝文社。此外，方耀还筑堤疏河、兴修水利、屯兵开垦、围海造田，施惠政于民。广东水师提督时驻虎门，改造炮位，亲巡港汊，治军严谨，善于用人，少保彭玉麟来粤视察防卫后向朝廷奏说："粤有方耀在，可高枕也。"由于方耀固防得力，御敌有方，慈禧太后赏赐穿黄马褂并赏戴花翎，又赏太后亲书的"福"字。1891 年 7 月 7 日方耀因中暑卒于江浦行军途中，时年 58 岁。《清史稿》对方耀的评价为："善战兼谋勇，尤善治盗，民多感颂，兹故并著之。"

德安里府第群主要由三座府第组成，相互之间有机联系，而各府第又各为独立完整、富有特色的建筑组群。德安里府第中，老寨和中寨坐西朝东，新寨坐北朝南，老寨建筑格局为"百鸟朝凤"，中寨和新寨建筑格局为"驷马拖车"。德安里虽历沧桑巨变，但整体建筑保存较完整，其规模之大，构筑之精，式样之全，造型之美，堪称潮汕建筑艺术的奇葩（图 2-35～图 2-41）。

图 2-35　德安里老寨外立面

图 2-36　德安里老寨中厅

图 2-37　德安里老寨燕诒堂

图 2-38　德安里府第围屋巷道入口

图 2-39　德安里中寨方氏家庙　　　　　图 2-40　德安里中寨家庙凹斗门

图 2-41　德安里中寨家庙凹斗门梁架装饰

老寨由方耀营造，中寨则由方耀四弟方勋主持规划，并建主祠堂。十多年后，方耀收养的 20 个儿子成家立业，老寨已容不下，故兴建新寨。

中国传统建筑有"君子营建宫室，宗庙为先，诚以祖宗发源之地，支派皆本于兹"的观念，《潮州府志》也言：潮人"营宫室必先祠堂，明宗法，继绝嗣，崇配食，重祀田"。因此，德安里三寨都以大宗祠为中心，其他建筑按次序环绕大宗祠而建，形成了这样的格局：大宗祠居中，左右是小宗祠，然后是火巷和厝包（包屋），它们从三面护卫着大宗祠，外围是一座座重叠相连的"下山虎"和"四点金"民居，最后是坚固围合的寨墙。

阿婆祠（方氏家庙）位于新寨内，约建于 1901 年，建筑面积 489.83m²。方耀亲生子方廷珍（即方十三）为祠其生母余寿坤而建，俗称"阿婆祠"，广东巡抚刚毅为之题序。后因方廷珍众兄弟（方耀收养的儿子）反对，其母未入祠。建筑格局为三厅二天井，民间俗称"三厅亘"，祠内抬梁式木雕构件以及浮面石雕华丽精美，为省级文物保护单位。书斋位于老寨北侧，是方耀为子孙后代营建的私塾，也是德安里内保存较完整的原汁原味的清代书斋。方耀对子孙后代的教育非常重视，他有一句名言是："世上几百年旧家莫非积德，天下第一件好事还是读书"。

德安里建筑群的排水系统，采取传统明沟的方式，经过"九转十八弯"的流向，最终汇入寨前溪，经百里桥，注入榕江。德安里的排水系统还有一个特点：无论从天井流出的水，还是从支流排入中沟，再流入大沟，水都是从中行。水从中行即"衍"，意在生生不息，繁衍千秋万载。

2.4 城堡式围屋

因聚族而居的人口繁衍以及防御性的需求所兴建的府第式民居建筑，不但具有较大规模的平面布局，而且在外围防御的基础上增加了点式防御手段，成为具有综合防御功能的城堡式围屋。这一类围屋吸收了堂横屋、围龙屋等民居形式的特点，依托外围建筑围墙的加固或者加高，将整个围屋包围起来，且在转角或者最后一进等特殊位置加高，在御敌时为瞭望观察之用。而建筑内部仍然主要以一两层的堂屋、横屋等联系布局，主要用于日常居住，有的设有倒座，以增加外围入口的防御功能。

城堡式围屋在粤东、粤北及粤西等地均有分布，建筑材料及装饰吸收了各地的区域特色。潮汕地区常将单层的两侧从厝和后包房做成两层以上的楼房，或加大外围墙体的高度，并建有角楼作为瞭望塔，增加建筑的防御性能。客家地区的城堡式围屋，外围则多是两层的楼房包围起来，并在四角布置碉楼，内部中间仍以堂横屋为主，这样形成的平面多数还是方形，或是由多个方形排列形成的防御组团。建筑正面入口有正门楼，有的门楼砌成牌坊式，有的外围两层楼房的屋顶可以连通，利用外围的女儿墙做屏蔽，再加上四周的碉楼，使得整个围居屋建筑看上去显得庄严规整。

1. 陈慈黉府第

陈慈黉府第建筑群位于汕头市澄海区隆都镇前美村。隆都是韩江三角洲平原中部北侧的一个古镇，被韩江的汊流和低丘陵包围，地理位置相对独立。韩江是闽粤两省交界的一条大河，汀江从福建流出，与粤东本地发源的梅江在三河坝汇合成韩江，穿透群山峡谷，过潮州城后分叉成西溪、东溪和北溪三大支流，慢慢淌过三角洲平原，流入大海。隆都原称隆眼城都，据说盛产龙眼，于是就有了这个地名。在宋元《三阳志》的潮州地图上，已经标识着"龙眼城"的地名，龙眼城隶属于潮州海阳县（今潮州市潮安县）。前美村的居民是在元明换代的时候，才迁入定居。明代的龙眼城有了"都"的行政建置，地方志上记录为"隆眼城都"。

前美村的居民，陈姓最多。在潮汕地区，向有"陈林蔡，天下镇（占）一半"的俗语，陈姓乃是潮汕地区的第一大姓。据《陈氏族谱》记载，陈氏是宋岐国公陈洪进的后裔，世居福建泉州。在元朝末年，一世祖序公为了躲避战乱，带着四个儿子迁入潮州，卜居于前美村。

民间俗语有"富不过慈黉爷"之说，前美村因有"岭南第一侨宅陈慈黉故居"而闻名。陈慈黉家族富甲南洋，是一个典型的华侨家族。豪贾商巨陈慈黉（1843—1921 年），名步銮，号子周，生于清道光二十三年，卒于民国十年，享年 78 岁。随父亲至香港从商，接管父业后主理乾泰隆公司商务，同治十年将实业拓展至泰国，于曼谷创立陈黉利行，专营大米加工和进出口贸易，并于新加坡、越南西贡、香港和汕头设立分行，形成跨国贸易体系，成为当时泰国商界米业大贾。经百余年沧桑犹长盛，历经六代嬗变而不败，至今该家族仍活跃在香港、泰国的金融业和工商业中。

陈慈黉故居始建于清朝宣统二年，历时近半个世纪，集陈家几代人的心血。故居总占地 25400m²，建筑面积 16000m²，包括郎中第、寿康里、善居室和三庐等，共有房 413 间，厅 93 间，形成规模宏大、中西结合的建筑群体（图 2-42）。

郎中第，是为纪念曾官拜"郎中"的陈慈黉之父而命名，坐西向东，当地俗称"老向东"。清宣统二年（1910 年）动工，历时 10 余年始建成。整座建筑物为龙虎门硬山顶"驷马拖车"式，共四进阶，龙虎门内置舍南、舍北书斋各一座；两厢为平房，四周由骑楼、天桥连接。有房 126 间，厅 32 间（图 2-43～图 2-45）。

寿康里，1922 年兴建，至 1930 年建成。格局与郎中第基本相同，坐北向南，在"驷马拖车"的基础上有所调整。占地 4097.2m²，有房 95 间，厅 21 间，门窗嵌各色玻璃，闪光透亮，金碧辉煌。院内东北角有优美别致两层的"小姐楼"三庐，作为未婚姑娘读书住宿的闺房（图 2-46、图 2-47）。

善居室，始建 1922 年，至 1939 年日本攻陷汕头时尚未完工，占地 6861m²，为四进阶"驷马拖车"式建筑，共有房 166 间，厅 36 间，是所有宅第中规模最大，设计最精湛，保存最为完整的一座。两侧及后包为楼房，分成若干院落，各院落分设院门，前后左右天桥相通。善居室既吸收西洋之阳台、敞窗的建筑风格，又运用传统的院落、连廊等建筑形式，外观庄严朴素华丽大方，室内窗棂斗枋典雅精巧（图 2-48～图 2-51）。

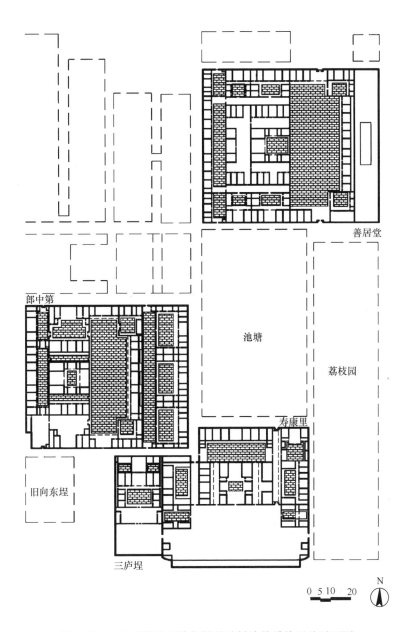

善居堂

郎中第

池塘

荔枝园

寿康里

旧向东埕

三庐埕

0 5 10 20

N

图 2-42 汕头市澄海区隆都镇前美村陈慈黉故居总平面图

图 2-43　汕头市澄海区隆都镇前美村陈慈黉府第郎中第外观

图 2-44　汕头市澄海区隆都镇前美村陈慈黉府第郎中第入口

图 2-45　汕头市澄海区隆都镇前美村陈慈簧府第郎中第内院

图 2-46　汕头市澄海区隆都镇前美村陈慈簧府第寿康里与三庐

图 2-47　汕头市澄海区隆都镇前美村陈慈黉府第寿康里入口

图 2-48　汕头市澄海区隆都镇前美村陈慈黉府第善居室建筑群

图 2-49　汕头市澄海区隆都镇前美村陈慈黉府第善居室内院

图 2-50　汕头市澄海区隆都镇前美村陈慈黉府第善居室庭园

图 2-51　汕头市澄海区隆都镇前美村陈慈黉府第善居室内起居室

　　陈慈黉故居具有潮汕地方特色，又巧妙融合了西方建筑风格，以传统的"驷马拖车"糅合西式洋楼，点缀亭台楼阁，通廊天桥，迂回曲折，是中国早期典型的中西合璧建筑。潮人聚族而居，具有深厚的宗族观念。这一观念体现在村落建筑上，就是以宗族为中心的围合式格局。特别是富贵望族之家尤为重视此风，以立规模宏伟的宗祠为善举，以建气势恢宏的"驷马拖车"为荣耀。

2. 潘氏儒林第

　　潘氏儒林第位于新丰县梅坑镇大岭村，潘氏十五世祖建儒林第至今已一百七八十年。儒林第坐西朝东，依溪而建，大门开在西南向。整座建筑占地面积近 2200m²，内有二堂、四横、一倒座、一外围、六碉楼、一望楼的回字形围楼。建筑高两层，碉楼三层，望楼五层，外墙为青砖和卵石砌筑，内墙为泥砖砌筑，俗称"金包银"的砌筑方式。外围四周砌有女儿墙，碉楼屋顶山墙为镬耳墙，正中后围上的望楼为悬山屋顶两端加小檐，有歇山屋顶的感觉，这种悬山屋顶两端加小檐的做法，在客家民居中常能见到。入口正门做有门楼，为三间牌楼式，上有"儒林第"石匾和灰塑装饰，屋脊为水草龙舟脊。进入大门为门厅，门厅两侧有巷道与外围屋相通，门厅末端与大门相对处设内门，出内门是通堂屋与倒座之间的天街。回字平面中轴是二进祠堂，其横屋中间设花厅，为单间住房与花厅的组合，花厅正面有雕花木屏风，颇为精美。整座建筑平面为前方后圆，儒林第的后围呈弧形，弧形的围墙与高大的望楼结合在一起。

这种围屋在后围中间碉楼上筑有望楼，所以其体形比一般的角楼设碉楼建筑要高大得多。望楼称"行修楼"，外族攻打时作为防御设施，平时则作为读书和教化的场所。儒林第外观气势磅礴，里面玲珑剔透，建筑外刚内柔，赏心悦目，可谓客家围建筑之精品（图2-52～图2-54）。民居造型具有广府建筑风格，据说当年建造儒林第时，请了广府师傅参与建造。

图 2-52　新丰县梅坑镇大岭村潘氏儒林第

图 2-53 梅坑大岭村潘氏儒林第入口大门

图 2-54 梅坑大岭村潘氏儒林第南立面

3. 邱氏大屋

大型围堡式民居，除了粤东潮汕地区，粤东北及粤北客家地区，粤西山区也有这种内部天井院落式，外围是厚重高墙的古民居。粤西云浮郁南县是一个"八分山地一分田，半分河道半分村"的山区，地处西江中游南岸，西与广西梧州市的苍梧县、岑溪市境接壤。郁南有着悠久的历史，晋太康元年（280年）设置都罗县，永和五年（349年）置晋化县。南北朝宋元嘉年间（424—453年）都罗、武城合并取名都城县，后建置晋化、威城、安遂、罗阳等县。宋朝开宝五年（972年）并入端溪县隶属康州。明万历五年（1577年）建置西宁县隶属罗定州。民国3年（1914年）因与青海省西宁市同名而改称郁南县。

西江主要支流南江流经郁南112km，蕴藏着悠久的历史积淀和深厚的文化古迹，有已列入国家级非物质文化遗产的民族舞蹈活化石"禾楼舞"，有流传于两广三市六县，发源于郁南句句押韵、撩人心弦的"连滩山歌"。有明朝古建筑张公庙、清朝的古建筑天池庵以及文广庙、药王庙、盘古庙、西竺庵、建城龙井、石门、文昌桥等古迹资源。境内还有建于清嘉庆年间的光二大屋，建于清咸丰元年到民国初年的46座大湾古村落民居建筑群等。

邱氏大屋坐落在郁南县连滩镇的西坝石桥头村，始建于清朝嘉庆年间，历时十余年建成。大屋饱经沧桑而风采依旧，至今保存完好，已有近200年的历史。大屋主人邱员清，字泽微，号润芳，因其头顶光秃，在兄弟中排行第二，人们便叫他为"光二"，所以该屋称为"光二大屋"，因粤语中"二"与"仪"谐音，雅称"光仪大屋"。建筑外观青砖砌筑，高墙耸立，故当地村民又称其为"清朝古堡"。

据当地人说，邱光二生于清乾隆四十七年（1782年），死于同治十年（1871年）。原本他只是一个以卖油炸豆腐为生的农民，幼年丧父，与母亲在一间茅草房中相依为命。有一年南江河发大水，洪水卷走了茅草房，光二与母亲靠两块门板逃命，此后光二发誓要建一间大屋给母亲住。后靠经商发了大财，为免受土匪的威胁骚扰和南江河水泛滥之苦，建起了该大屋。

光二大屋中门前贴着一副对联："天教龙虎山双枕，地界东西水一衿"，这副对联恰当地概括了光二大屋的地理环境和风水格局，在大屋后面，东有虎岩山，西有龙岩山，共同组成了大屋之"靠山"，在大屋前面，南江河自南方蜿蜒流来，环绕大屋向北方曲转而去，形成背山面水格局。邱氏后人称大屋风水格局为"鳌鱼出海"：大屋位置及形态像南江边的鳌鱼，大门如鱼口正对南江，大屋后面最高的更楼如鱼尾，该大屋如同一条俯首张口的大鱼，有尽吞南江之财的气势。

光二大屋坐东北向西南，整座大屋呈四方形，中轴对称，前低后高，回字形布局，共有六进，内座建筑为四进，前门和主体建筑坐落在中轴线上，在中轴线两侧对称地分布着其他房间，结构紧凑，主次分明（图2-55~图2-58）。外部用一圈又高又厚的砖墙建筑围合，墙厚八十多厘米，围墙高8~9m，最高处有13m，建筑屋顶最高处约20m。前座朝西南正中为前门，为第一进入口大门，与内座建筑大门之间做有广场（即晒场）。内座建筑东西两侧各有一偏门，每进之间用天井相隔，各座和两侧前后厅房有巷道相通，最后一进是更屋，为整座建筑的最高处，在此可监控大屋周围的动静（图2-59、图2-60）。大屋围墙顶上，还有环绕四周的通道，建筑外圈把整

图2-55　郁南邱光二大屋鸟瞰

座大屋联结一起，屋顶可以行人，进行巡逻、放风。围墙上还有 16 个枪眼，供对外射击以及隐蔽自己。

图 2-56　郁南邱光二大屋外观

图 2-57　郁南邱光二大屋内座建筑

图 2-58　郁南邱光二大屋大门内广场

图 2-59　郁南邱光二大屋层层递进的建筑组群空间

大屋占地 $6667m^2$，有房 136 间，曾住 700 多人，除了家丁佣人外，全是邱氏子孙在此居住。大屋内有厅堂、起居室、仓库、磨房、舂米房、密

图 2-60　郁南邱光二大屋更屋甬道

室、晒场，还有水井一口。该井与大屋的历史一样悠久，水深达数十米，井身由火砖砌起，井水清澈见人，井外说话或有声响，井内便能传出回声。

　　大屋在建筑结构上，充分考虑了防洪、防盗功能。大屋位于在南江畔的滩涂上，每年洪涝季节南江水涨村落免不了要被淹，为了避免水淹，必须要防洪。除此之外，乱世常有山匪来吃大户，大屋亦需要防盗。因此，邱氏家族在建造大屋时，在墙、门、内部排水系统上都给予充分的考虑。高大厚实的围墙全是用砂土、黄糖蛋清混合夯实而成，大屋内泛着黄色的平整地面硬度非常高，这是由砂子、石灰、黄泥、黄糖、蛋清等按照一定比例混合打制而成，不会因水淹而影响地面和基础。

光二大屋的大门高 2.6m，宽 1.25m，整座大门深嵌在墙体内，套有两扇奇厚的杉木门板，木板之间可灌泥夯实，通过木板、泥土共同作用来抵挡洪水。此外，对付盗贼还有五竖九横的木制防盗门，即门顶上有五个直径约为 8cm 的圆洞，可放置圆木形成栅栏，靠里还有九横菱形粗木条做成的拉门，做法及功用与粤中珠江三角洲民居的趟龙门颇为相像。假如盗贼用火烧门，木门也安然无恙，因为可以通过门顶上的圆洞灌水灭火。大门具有一定的防洪、防火、防盗功能，被当地誉为典型的"三重门"做法。

如果连日阴雨内涝，在大屋多个楼梯处，设有木制抽水车装置，可将屋里的积水及时抽到外面，当屋外泽国时能确保屋内安然无恙。在外洪内涝严重时，人们便从一楼搬到二楼居住，二楼房与房相通，并设置了许多铁环，可拴上备用的小船，这些小船就成了大屋内人们互相联络的交通工具。大屋后面的贮藏室可储藏大量粮食，足够家人吃 3 个月。据村民说，离光二大屋八十多米的南江河在 20 世纪 60 年代洪水暴发时，西坝石桥头村的村民都跑到大屋里避灾。光二大屋建筑别具一格，代表了明清时期粤西岭南民居的风貌特色，也从另一侧面反映了当时社会历史发展的状况。

3 围村

3.1 梳式布局围村

我国广大农村是以自给自足的小农经济作为基础，因此在村落中所看到的建筑，绝大多数是民居，村落组成即以民居为主。粤中、粤西的广府民居一般两代人居住，长子因供养父母则三代人合住。兄弟成家后则分居，故家庭结构以一家一户为主。小型住宅一般都是三合院形式，也有四合院形式。

村落主要是由各种类型的民居组成。在梳式布局系统中，其村落的建筑，民居占了90％以上。平面单元大多是三合院，外观和平面都一样，整齐划一，几乎所有的建筑组合都像梳子一样南北向排列成行，两列建筑之间有一小巷，称为"里"，就是古代的"里巷"，它也是村内的主要交通道路。大门侧面开，大门外就是巷道。纵向建筑安排，少则四五家，多则七八家。梳式布局系统主要在粤中、粤西广府地区，即古代广州府管辖讲粤语白话的区域，珠江三角洲地区也称为耙齿式布局，而粤东等非广府地区也有梳式布局的村落。

珠江三角洲广府传统村落布局有许多都是采用梳式布局形式，这种梳式布局系统，可以说是中国农村传统布局的沿袭，但又结合了本地区的自然气候地理条件。而梳式布局系统空间组织的最大特点，就是适合于广东的炎热潮湿气候条件。

梳式布局村落中，建筑群前为一小广场，称为禾坪，或称埕，作晒谷用。坪前为池塘，半圆形，也有做成不规则长圆形，用于蓄水、养鱼、排水、灌溉、取肥、防洪、防火等，面积一般为20～30亩（图3-1）。在水乡或山区中，若村落近小河、小溪，则不再辟池塘。村后村侧结合生产植树、栽竹，既可防台风，又可挡寒风，还有美化环境的效果。村口有门楼，有设一座者，也有在左右村口各设门楼者。门楼上刻有村名，远望屹立在田头，很醒目。

图 3-1　梳式布局村落建筑群前有禾坪，坪前为池塘

　　村内的交通，纵向（大都呈南北向，也有东西向）交通是里巷，巷宽1.20～2.00m，村前禾坪也兼作交通道路。按古代道路系统分为五级，即"路、道、涂、畛、径"，称"田间五涂制"，第一级为径，作步行道，不能通车。据《周礼·地官·遂人》及郑玄"注"的解释，五涂制度是"径容牛马，畛容大车，涂容乘车一轨，道容二轨，路容三轨"。径容牛马，即径宽等于两头牛同时走过的宽度，一般为4～6尺，与现在巷宽相符。至于村前禾坪宽度，也约等于畛宽，可容大车通行。这种布局，没有街道，也没有边界。为了防御，巷设"隘门"（图3-2、图3-3）。

　　民居布局与巷道布置有很大关系，这种村落的交通像梳子一样，主要是靠顺着风向和坡势的巷道。而水网水乡地区的村落民居，则沿河涌或水塘呈垂直巷道布置方式，以取得水面清凉的微气候条件。与水塘方向相垂直的众多纵向巷道，交会于塘边的晒谷场，晒谷场平时可做社交游憩场所，节日可开展文娱活动。其总体布局多采用南面开放，北面封闭的格局，门开通气，

图 3-2　佛山市顺德碧江村民居巷道

图 3-3　广州市从化钟楼村民居巷道

门闭聚气，前低后高，加上池塘调节，促进空气流通，冬暖夏凉，四季咸宜。

　　梳式布局系统的村落，建筑物顺坡而建，前低后高，地高气爽，利于排水。其坐北向南，朝向好，有阳光，通风也好。这种村落前面有广阔的田野和大面积的池塘，东、西和背面则围以树林（图3-4、图3-5）。村落的主要巷道与夏季主导风向平行，在正常情况下，越过田野和池塘的凉风就能通过天井或敞开的大门吹入室内。古村落多按风水学的原则进行选址和布局，只要有山可靠，有水可依，就会有村落出现。如果背后没有高山可靠，村落也尽量选址背靠低矮丘陵的地方，并种植茂密的树林将村落围起来。有的村落选址布局认为风水格局比建筑朝向更为重要。

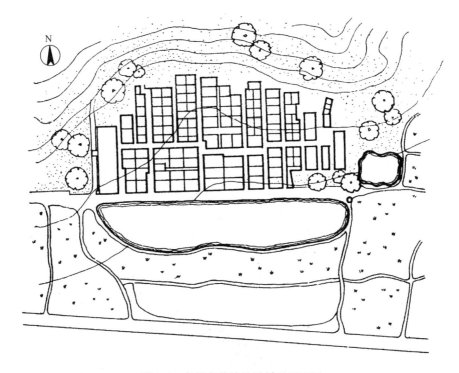

图 3-4　广州市黄埔沙埔村总平面图

农村中，因总体梳式布局关系，三间两廊屋都在侧面开门。因此，侧面大门和山墙部分就成为小巷内各户民居的重点装饰，山墙的材料、构造、墙尖的形式以及大门的门楣、檐下、墙面等就组成了巷道内富有节奏和规律的艺术处理。民居的大门一般都不在正中，而都朝向巷道，巷宽1.20～2.00m，在房屋建筑的遮挡下，形成大面积的阴影区来减少辐射热。在小巷

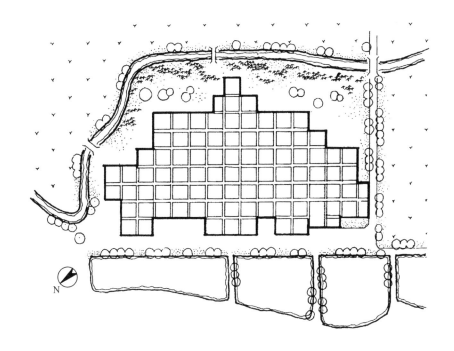

图 3-5　开平市长沙镇石海村平面图

中，人们只能看到鳞次栉比的山墙和宅门，因视线和视距的限制，宅门成为视角的中心，而屋脊与山墙的装饰作用则降为次要。宅门的做法常见的有门檐式、凹肚式等形式。

广东民居的类型很多，虽然各地做法都有自己一定的特点，但它们都是以"间"作为民居的基本单位，由"间"组成"屋"（单体建筑），"屋"有三间、五间，甚至七间。"屋"围住天井组成"院落"，如三合院、四合院等。各种类型的民居平面就是由这些"院落"——民居的基本单元，组合发展而形成的。

村落民居以三间两廊屋为主，厅堂居中（图 3-6）。卧房在厅的两旁，房门一般由厅出入，也可由厨房出入。在使用上以前者为好，但门从厨房出入，两廊都设厨房和灶头也有它的优点。当以后两兄弟分家时可各分一边屋，厅、天井和水井则共用。卧房后半部上面，都置阁楼，作储存稻谷和堆放农具、杂物用。卧房后部也不开窗，只在东、西侧面开窗一个，宽约 80cm，高约 1m，用来采光和通风。

三间两廊屋的大门布置方式有两种：正面入口和两侧入口，这由村落总体布局和道路系统来决定。大门一般凹入 30～50cm，作凹斗状。两侧开大门的三间两廊民居，如独家使用时，则在一侧作凹斗门，作为大门，另一侧可开大门，但不作凹斗方式，以表示非主要大门。也有两侧都是作凹斗门方式的，则表示该宅是两家合用。广府梳式布局的三间两廊民居，因南北向院落建筑毗邻，大门出入口在东

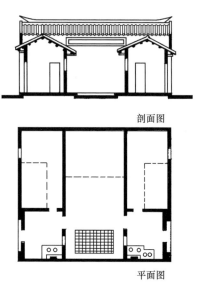

剖面图

平面图

图 3-6　三间两廊屋民居
平面图、剖面图

西两侧，因而，大门与山墙面组成的侧面入口处理显得更为重要，它利用山墙墙头的样式和花纹、入口大门的飘檐和凹凸处理，使侧面山墙立面显得灵活自由和丰富多变。

3.2　钟楼村

规整的梳式布局之典型代表有广州从化太平镇的钟楼村（图 3-7），该村姓氏欧阳，建于清朝咸丰己未年（1859 年）。据村中的老人说，他们是唐宋八大家之一欧阳修的后裔。整个村落依村后挂金钟山而建，坐西北向东南。

钟楼村以欧阳仁山公祠为中轴线，公祠是建村者欧阳枢与欧阳载兄弟为纪念父亲欧阳仁山而建的，占地面积 2500 多平方米，是目前从化地区发现的规模最大的祠堂（图 3-8、图 3-9）。祠堂为砖木石结构，硬山屋顶，共有99 道门，取"九九归一"之意。公祠两旁为梳式布局的民居与巷道，左 4巷右 3 巷，每个巷口另有门楼，上有巷名。过门楼，巷中间是一条花岗岩砌

图37 广州从化太平镇钟楼村平面图

图38 钟楼村欧阳仁山公祠

边、青砖铺底的排水渠，依地势步步而上（图3-10、图3-11）。巷两侧是三间两廊的民居，每排7户，每户两廊相通对望。民居青砖砌墙，山墙屋顶为

图 3-9 钟楼村欧阳仁山公祠大门

悬山结构，入口大门开在侧面，花岗岩门框双掩木板门，对着巷道。门后的侧墙上有砖雕门官位。与天井相对的正厅中轴底端建有供奉祖先神位的神台，神台高有 2m。

图 3-10 钟楼村里巷隘门

图 3-11 两列建筑之间的"里巷"
是村内的主要交通道路

　　广府村落基本民居形式为三间两廊，钟楼村也不例外。三间两廊屋即三开间主座建筑，前带两廊和天井组成的三合院住宅，其平面内，厅堂居中，房在两侧，厅堂前为天井，天井两旁称为廊的分别为厨房、柴房和杂物房。天井内通常打一水井，供饮用。厅与天井之间可以有墙间隔，正中开门，即厅门；也有的不设墙，为全开敞式，这种方式通风采光好。钟楼村的三间两廊屋多采用后者。天井两侧的两廊屋坡要斜向内天井，认为财"水"要"内流"。

　　厅堂为家庭公共活动场所，凡家庭生活聚会、婚丧大事以及农村中副业生产都使用它，有时一些农具也置于厅堂。厅堂有多功能的作用，它位居正中，面积比较大，其开间宽度一般为 15～21 坑（坑即瓦陇宽，各地区宽度不同）。在厅内靠后墙处有一阁楼，名为神楼，上供祖先牌位，后辈在此烧香拜神，作祭祀祖先之用。厅后因风水之说多不开窗，以防"漏财"。

房设在厅堂的两旁，从厅前檐廊两侧开门进入，主要是用作住宿休息，一般甚少开窗，或开小窗，故有"光厅暗房"之称。其面积也略小于厅堂，开间宽度一般为 13～15 坑。房内设阁楼，作存放稻谷和杂物用。

庭院天井——大者称庭院，小者称天井，是南方民居中不可缺少的组成内容，是解决采光、通风、纳阳、排水、晾晒衣物、饲养家禽，以及户外生活、美化环境、联系室内外的空间。天井的大小、多少和形状主要按其所在位置及其功能而定。广东民居的庭院天井要比北方的小得多，因在南方太阳辐射热大，又受地势限制，过大的院子不适合南方的气候条件。因此，较大的宅第一般不用大庭院而仍乐于采用多个小院天井来组合，同样能满足宅内生活和杂用要求。庭院天井的尺度大小，一般受厅堂开间尺寸所制约，也与风水学说和生活习惯有关。此外，各地还有一套比较严格的制度规定，如"过白""合步"等。

村落以祠堂为中心，祠堂前的禾坪外围筑有围墙，围墙两侧建有门楼。门楼为单层镬耳山墙，开一小拱门，上书"钟楼"二字（图 3-12）。村落以

图 3-12　钟楼村门楼

前四面围有 3m 多高的城墙，后包是用作牲畜房，在村落 4 个角上的主要制高点处各建有用以自卫的堞垛，即古代放哨及观察敌情的"烽火台"。村外则是壕沟，类似古城池的护城河，既可防护排洪，又把村落与四周分开。村落左后角还建有五层高的炮楼，在楼的四五层之墙体上开有狭小工字形和圆形枪眼（图 3-13）。围墙、护城沟、炮楼等防御性的建筑物和构筑物，在动乱岁月可保证全村避免贼匪的袭击。

图 3-13　钟楼村内的炮楼

3.3 大旗头村

"大旗头村"，又名郑村，位于佛山市三水的乐平镇，是一处保留较完整的清代大型村落（图3-14）。村头老榕树须根交错，塘边文塔连同塔旁两块形如砚台的巨石，组成一组纸、墨、笔、砚的人文景观，也许是身为武将的先人希望后代多学习文治武功吧。文塔为楼阁式砖塔，仅顶部有窣堵坡的刹，塔身每层都砌出柱、额、门、窗形式，三层面宽和高度自下而上逐层减少，楼层辟门窗，可以登临眺望。塔平面为六角形，坐落在石砌基座上，石台阶有石栏板作护栏，首层刻有额枋"层峦叠翠"（图3-15）。文塔立于古榕丛中，与青砖灰瓦宅居、碧黛涟漪池水，以及远处山峦，组成一幅俊秀的美景。

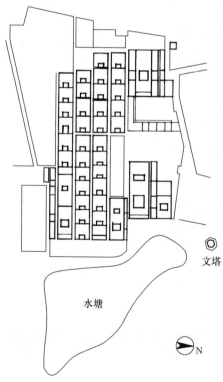

图 3-14　佛山市三水乐平镇大旗头村平面图

图 3-15 佛山市三水乐平镇大旗头村文塔

　　大旗头村选址按风水说的模式进行。山水是聚落环境不可少的组成部分，在地理环境不能完全适应选址的要求，对于不太理想的地形，则进行人工处理，使之顺应聚落兴旺的需要。风水说认为："塘之蓄水，足以荫地脉，养真气"。水是人们生活的源泉，大旗头村民巧妙地挖塘蓄水。根据聚落坐北向南的要求，池塘一般设在村前，前塘后村这一总体布局方式，遍及岭南广大乡村。该村在村前挖掘池塘，作蓄水、养鱼、灌溉之用。还打了多口水井，供饮用和洗涤。挖水塘，打水井，还有利于降低地下水位，使村落地面干燥，空气得到调节。南方多雨、潮湿，春夏成涝。大旗头村有良好的排水系统，在巷道内相隔十数米就设置一个钱眼形的排水"渗井"，还有多处下水道出口，渗水口与地下管网相连，最终使水全部排入水塘，达到"四水归塘"。

与水塘方向相垂直的是为数众多的纵向巷道，交汇于塘边的晒谷场，形成梳式布局系统。晒谷场平时可做社交游憩场所，节日可开展文娱活动。其总体布局采用南面开放，北面封闭的格局，门开通气，门闭聚气，前低后高，加上池塘调节，促进空气流通，冬暖夏凉，四季皆宜（图3-16、图3-17）。方

图 3-16　大旗头村外部景观

图 3-17　村落建筑群前用作晒谷的禾坪

格网里巷道路系统，是我国宋代以后街坊布局的主要形式。村内设有可供两头牛并肩而过南北走向的宽里和东西走向的窄巷，交通便利，利于建造大片南北向的住宅。而这些里巷，又成为防火通道。从水塘至里巷的前低后高的步步升高法，既便利于排水，又形成一种特有的韵律。大旗头村是集家庙（祠堂）、私塾、民居的大型建筑群。由于先祖曾沐皇封为"振威将军"和"建威将军"，因此，"振威将军家庙"和"建威将军家庙"是本村的标志性建筑，其用料之讲究，装饰之华美，为当地之最（图3-18、图3-19）。

图 3-18　大旗头村振威将军家庙

夏日骄阳当头无风的情况下，民居可充分利用巷道和天井内空气的对流作用。由于村内巷道窄，建筑物较高，巷道常处于建筑物遮影下，巷内温度较低，所以称之为"冷巷"（图3-20）。当村内屋面和天井由于受太阳灼晒造成气流上升时，田野和山林的气流就通过巷道变为冷巷风，源源不断补充入村，形成微小气候的调整，使民居仍然处于一个舒适的环境。因此，梳式系统布局的村落虽然密度高、间距小，每家又有围墙，独立成户，封闭性很强，但因户内天井小院起着空间组织作用，故具有外封闭、内开敞的明显特色。同时，这种布局通风良好，用地紧凑，很适应南方的地理气候条件，成为我国南方的一种独特的村落布局系统。

图 3-19 大旗头村振威将军家庙大门　　　图 3-20 大旗头村青云巷，俗称"冷巷"

为了防御，整座村落建筑群外围用建筑、墙体围合形成围村，只在各垂直于水塘的巷道入口处设"隘门"，以利于人们出入方便。

3.4 扶溪村

扶溪村位于肇庆市怀集县西部的大岗镇，东距县城 22km。村中历史人文资源丰厚，建筑宏伟且年代久远。"扶溪"一名就是古百越人的村名，最早在扶溪村一带居住的是古代百越民族中的一支，后随着中原人南迁，百越族人逐渐迁往他乡，但"扶溪"的村名却一直被沿用至今。现居住在扶溪村的石姓家族，是明代以后迁入的，其先祖原居甘肃武威郡，后随军迁福建定居，明洪武末年，由福建汀州迁居至此。石氏族人为纪念发源地，所迁之处均以"武威堂"为堂号。因而居扶溪村后建祖屋亦冠以"武威堂"之名，而且都以"武威绵世泽，万石振家声"楹联为正堂堂联。扶溪村其实是一座庞大的古庄园，之所以谓"村"，因为前人在大门门楣上嵌了一块刻着"扶溪村"三字的大条石。

受源远流长的地域文化影响，扶溪村民俗文化中仍保留着不少古百越族的文化遗存。扶溪村人使用的是俗称"大岗标"的独特语言，"大岗标"即大岗标话。据有关专家考证，大岗标话就是原为古百越族某一支系所使用的，在"大岗"这一特定区域和特定族群中流传下来的一个古语种。伴随着大岗标话的流传，一些古百越族的民俗文化也流传了下来，如蛙图腾、盘古崇拜等。扶溪村的先人认为蛙是人类的祖先神，是庇佑人类繁衍生息的灵物，因此，他们在建祖堂时门前专门设了一口池塘供青蛙繁衍生息，村人称这口池塘为"蛤蟆塘"（蛤蟆为青蛙的俗称）。盘古也是古百越族的图腾之一，扶溪人也很崇拜盘古，村后白鹤岭上的"盘古庙"是一座古老的神庙。

武威堂位于扶溪村中心，始建于明代崇祯年间，占地面积6020m²，建筑面积4680m²，是明清时期的"兵营式"大型民居群，也是怀集县目前保留较完整且整体古建筑面积最大的围屋村（图3-21、图3-22）。古代兵营扶溪村，整体建筑呈"三格四形"特点。"三格"：一曰风水格，坐西南向东

图3-21　怀集大岗镇扶溪村鸟瞰

图 3-22　怀集大岗镇扶溪村武威堂前门楼

北，背靠黄帝岭、白鹤山，面临大水塘，构成天地人和之风水格；二曰仕官格，整体布局由建筑部分与前面的大水塘组成"官"字形，每间堂屋呈"主"字构造，前门楼造型为"官印"，主堂屋天井为"印台"，后楼造型为"官帽"；三曰文武格，以前楼和西北角碉楼为文笔，以主堂后天井为砚台，以水塘为墨池，取蘸墨挥毫之意，厢房为"兵营式"，并设有"值守"前楼，突显"文武风威"。"四形"：堂中堂、巷中巷、门中门、屋中屋，环环相扣，处处相通（图 3-23、图 3-24）。

建筑群保留着明清时期的艺术风格，突出其"习文安家、习武卫国"的主题。武威堂的创建者——石上玠，据清同治本《怀集县志》记载：石上玠为明万历己酉科贡生、崇祯庚午科举人，曾任琼山学训。武威堂初建时规模很小，经几代后人不断扩建，至清乾隆三十年（1765 年）基本形成现在的规模。当初周围全是池塘，设有围墙、前门楼、前庭花园、笔楼、前厅、天井、回廊、祖殿、后堂等，后楼是一座形似城楼的三层建筑。

武威堂整体呈正方形布局，主体建筑由五间堂屋构成（图 3-25～图 3-27），中轴线正对白鹤山与皇帝岭两山峰的连线，主堂屋沿中轴线而建，两旁分别

图 3-23　怀集大岗镇扶溪村巷道民居

图 3-24　怀集大岗镇扶溪村围屋巷道

图 3-25　怀集大岗镇扶溪村武威堂门厅

图 3-26　怀集大岗镇扶溪村武威堂厅堂

图 3-27　怀集大岗镇扶溪村武威堂后座厅堂

为四间次堂屋，左右两边分别由八套厢房相辅。整体呈"官"字形，每进堂呈"主"字形，厢房为"兵营式"横屋建筑，体现"文武风威"之格调。室内室外，画栋雕梁，设计精美。武威堂的中西门与西上屋的门槛是珍贵罕见的明代浮雕石墩，上面刻着各种各样的吉祥图案，工艺精细。石墩的每个浮雕图案都寄托着主人美好的寓意，三面浮雕以福、禄、寿图为主体，特别是扇面形图案，为明代书画章法。

武威堂的墙眉上有独具一格的诗词字画灰塑彩画装饰，多以爱国、修身、齐家等为主题，有"梅兰竹菊""龙凤呈祥""山水岩云"等图案及书法诗词警句。堂屋门楼有"副魁""贡元""进士"四块古牌匾，为明末崇祯年间因石氏父子四人——石上珩、石职补、石职摄、石翼瞻在科举获取功名后所立，分别由兵部侍郎右副郡御史兼广西巡抚（张）、太子少保兵部尚书右侍郎兼广西巡抚（黄）、太子太保兵部侍郎兼广西提督（吴）、太子少保兵部尚书右侍郎兼广西巡抚（史）题匾。

正月初一那天，全村人会在武威堂拜祀祖先（太公），这是一直流传下来的习俗，也是全村最盛大的仪式。其他地方过新年一般在正月初二开年，而扶溪村却是在正月初一就开年了。全村老老小小都到主堂拜祀祖先，各家各户都会挑选新鲜而珍贵的贡品到主堂供奉，届时，村里会有一位年纪最大、资历最广的老人来代表全村的村民，在主堂的神台前跪拜，以祈求新的一年风调雨顺，五谷丰收，六畜兴旺，添丁添财。然后村民按辈分分别上香叩拜，在主堂拜祀完毕，便在主堂前点燃各自带来的爆竹，然后再分别到各自所属的东、西次堂拜祀。扶溪村还有一个例规，凡是外嫁女和外村人，在正月初一那天都不准入村，探亲须在正月初二以后。

武威堂祭拜活动一年有好几次，三月初三有"祈丰收"，就是在农耕播种前夕，扶溪村的村民们会举行一次隆重的拜祭活动，他们带上鱼、豆腐、糯米饭等祭品，到武威堂拜祭祖先，以祈求在稻谷播种以后，能够风调雨顺，吉利丰收。但上玗公的后代是不参加三月初三拜祭的，用当地的说法就是"不吃三月三"，相传"三月三"这个节日是只有参加农耕的人才能过的，如果不参加农耕的人过了这个节日，吃了"三月三"的饭宴，便会皮肤发痒溃烂。因当年上玗公考取了贡生，封了官职脱离耕种后，便不吃"三月三"了，久而久之，上玗公的后人也继承了不吃"三月三"的习俗，以显示他们是达官贵人的后代，与普通的百姓有所区别。

扶溪村的外围是由围墙、炮楼、门楼紧密相连而成的，这种建筑结构，是为了保护扶溪村的村民，免受山贼、野兽的侵犯。扶溪村设有五个门楼，分别为东、西、南、北门与前门（图3-28～图3-30）。其中，西、南、北三个门楼高大约十几米高，而东门相对略为矮小，约七八米高。门楼与围墙相连，布有枪炮口，可以清楚察看到村外情况。在兵荒马乱时代，这些门楼、炮楼、围墙等有效地保护了全村的安全。据说，当年曾有一伙由山贼头梁凤壁带领的山贼入侵大岗镇，周围的村落因为没有任何的防御建筑或者防御不够坚固，都受到了严重的破坏，被洗劫一空。扶溪村因为有着门楼、炮楼、围墙等的保护，加之扶溪村的村民团结一致保卫家园，男女老少一起抵御山贼侵犯，所以山贼未攻下扶溪村。

图 3-28　怀集大岗镇扶溪村西门楼　　图 3-29　怀集大岗镇扶溪村门楼

图 3-30　怀集大岗镇扶溪村北门楼

3.5 黎槎村

黎槎村位于高要市回龙镇北面的黎槎岗上，该村初为周姓人士开村，故原称"周庄"。南宋时期，由于该村没有水利堤防设施，低洼地带常受洪水淹浸，所以村民们多将房屋建于山腰上。因该山岗形体似凤，故又名"凤岗"。南宋后期至明代永乐时期，苏、蔡两姓族人分别从粤北南雄珠玑巷迁至凤岗定居，人数就不断扩大，形成了近代黎槎村苏姓居东，蔡姓居西的格局。

村民见凤岗四周环水，按"八卦"形状布局建房，取"黎槎"为村名。"黎"有"众多"之意，"槎"即"用竹木编成的木筏"，鸟瞰村落，紧挨的条形房屋像木筏一样浮在水面上，"黎槎"则谓"众多的木筏"。

这个以南雄珠玑巷移民后裔为主体的村民聚族而居，所建的房屋建在小山岗上，环水而设，一座挨一座，一排接一排，一圈又一圈地环向岗顶。村庄最外一圈约有90间房，房子之间略呈弧形分布，每进一圈，房屋递减，岗顶是村中最高处（图3-31～图3-33）。

图3-31 肇庆市高要回龙镇黎槎村鸟瞰（摘自广东省文学艺术界联合会、广东省民间文艺家协会编著《广东古村落》）

黎槎的民居大多为砖木结构，由青砖、花岗岩、杉木、瓦片、瓦筒、石

图 3-32　高要回龙镇黎槎村外围建筑

图 3-33　高要回龙镇黎槎村民居建筑

灰、砂等建造而成。呈条状单间联排屋，建筑用材与装饰都十分简陋。村民都信奉建屋不能高过祖堂，不然就会不吉利，所以村里的房屋建筑高度、结构也因此保持了一致。在凤岗顶上有敦善书舍，书舍曾培育出探花、进士多人。

村落祖堂分布在各里坊内，为各分支家族的家庙，有 18 所之多。祖堂大小不一，多为两进，祖堂内设有天井、储蓄房等（图 3-34、图 3-35）。屋

图 3-34　高要回龙镇黎槎村的祖堂

图 3-35　高要回龙镇黎槎村祖堂的内部空间

檐口灰塑彩画，有的封火山墙做成镬耳状，屋脊有鳌鱼尾。有钱的家族祖堂门口的石阶花纹会更精细，石材也更坚硬名贵。祖堂是族人拜祭祖先的地方，每逢初一、十五、大的传统节日以及婚嫁喜庆事宜，便相聚于此，慎终追远，饮水思源。

　　酒堂是该村落特有的一种建筑形式，是族人婚嫁喜庆聚会的地方（图3-36），设在村落外围的环路边，与门楼相对。酒堂内设厨房锅灶炊具，堂外为古榕广场，平日十分幽静，凡遇喜庆事宜则门庭若市、热闹非凡。黎槎村有兴义、联秀、绍安、永和、光华、遂德、叙乐等酒堂。兴义酒堂平面呈长方形，进深12m，占地面积约338m²，归属兴仁里，设有正厅、客厅、厨房、储物室，正厅前有天井。联秀酒堂宽23m，进深9m，占地面积约218m²，归属柔顺里。酒堂建筑装饰有木雕、灰塑等，古朴秀雅。

村中各主巷道的放射点是岗顶高处一块大鸿运石，主巷道由岗顶向四周呈放射形分布，一共有15条主巷道，横巷84条，纵横交错的巷道多达99条，巷道路面都是由条石、小石块或鹅卵石砌成，每条主巷道都会延伸至一个门楼。巷道布置有如迷宫，是古时候村民为防盗匪而设置的（图3-37、图3-38），陌生人走进古村常会迷失其中，有的巷道看似尽端却相通，有的看似相连却无路。

图 3-36　高要回龙镇黎槎村的酒堂

图 3-37　高要回龙镇黎槎村街巷空间

村中入口除了几个通道外，其余周边都是护村池塘。池塘与村的外沿之

图 3-38　高要回龙镇黎槎村弯曲的街巷

间，便是环村大道，在环村大道不同的方位共有 10 个门楼，而每个门楼代表一个坊，也就是一个分支家族。每个门楼有不同的名字，分别是仁和里、遂愿里、兴仁里、淳和里、尚仁里、居和里、柔顺里、毓秀里、仁华里、遂德坊，即"九里一坊"（图 3-39、图 3-40）。

　　黎槎村不但具有当地古村落的基本特征，而且还有以下几个与众不同的特征：一是以水为脉。水为万物生长之源，没有水则难以生存，该村环村大道外围的护村池塘，总面积达 1 万多平方米，既可养鱼，又可美化环境，也

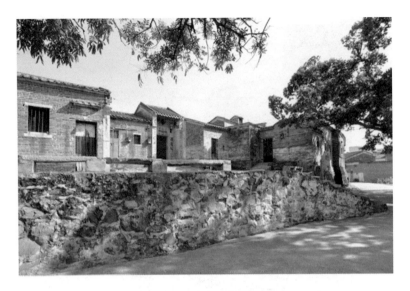

图 3-39　高要回龙镇黎槎村里巷入口

图 3-40　高要回龙镇黎槎村里巷入口门楼

起着护村防御作用。二是以屋墙为围。自古以来，人们不论开村还是建宅，都非常注重村界和宅界。过去人们在比较安全的地方建村，仅立界碑，而在一些容易受贼人滋扰或外族侵犯的地方则建围墙来防卫。黎槎村临环村大道利用最外围的一圈房屋作为防护。三是以石为底基。该村落靠近池水的地基及基础用石料，防水防潮性能好，房屋和主巷道大都是以石为基础。在 10 个门楼中除"遂德坊"门楼外，多用花岗岩或红砂石砌筑房基，在门楼内、外的通道上也都用花岗岩或红砂岩石铺砌路面。

3.6　钱岗村

钱岗村落位于广州市从化区太平镇的西南 14km 处，始建于宋代，距今已有 800 多年历史。700 多年前，元代时期，陆秀夫第五代孙流落到了钱岗村，经营发展，形成了今日古村之规模，古村至今仍保持着古朴的风貌。钱岗古村占地面积较大，方圆 1km^2，共有 900 多间房屋，其中有四座门楼，九间书院，三座祠堂，四座更楼，村子外围过去有"护村河"，是保存得较为完整的广府民居的典型代表。

钱岗古村居民大多姓陆，少数姓沈。钱岗村最早是由钱氏迁此定居，故而得名。据考证，钱岗陆氏是南宋名臣陆秀夫之后裔。陆秀夫为南宋抗元名臣，和文天祥、张世杰一起被后人称为"宋末三杰"。陆秀夫，字君实，楚州盐城（今江苏盐城）人，生于宋端平三年（1236 年）、卒于祥兴二年（1279 年）。南宋祥兴二年，宋军与元军在崖山（今广东新会南）展开最后决战，结果被元军所败，陆秀夫宁死不降，毅然背负南宋小皇帝投海自尽，悲壮献身，中国历史上的宋朝宣告灭亡。

但陆氏后人的劫难并非停止，为了斩草除根，元朝当局开始对陆氏一族展开了追杀。当时陆秀夫的第四子陆礼成正奉父亲之命镇守梅岭，惊闻父亲以身殉国的噩耗，悲痛不已，审时度势后，知道大宋气数已尽，只得蛰居于民间，为避元兵的追剿，逃至广东省南雄县珠玑巷侨居。至其第五代玄孙陆从兴一路辗转，由南雄珠玑巷迁到古番禺宁乐乡（即为现在的从化太平镇），后不断开疆拓野，瓜瓞绵绵，繁衍不息，几经变迁，陆氏一族逐渐成为钱岗村的大族。陆从兴后传至第六七代时，陆广平、积忠、原英、凤鸾、积善等人会众协力同心，于明永乐四年（1406 年）始建广裕祠。钱岗古村虽房舍建筑布局随意，但都以广裕祠为中心。

钱岗古村有大小屋舍千余间，有名的村巷 12 条，还有许多无名称的小巷。这些大大小小的巷子没有一条是笔直的，最直的也只有一二十米长，初来乍到的人会觉得这样的设计真是有点儿随意。传说在钱岗建村之初，村中老者请来风水先生，风水先生从东走到西，又从南走到北，用罗盘开了几十条线，最后确定钱岗属于莲藕形，居屋只能随意而建，否则就住不长久。于是村民建屋就只需按照自己的意愿行事，有空地就随意延伸出去。村落初具规模之后，风水先生又建议四周再建围墙，每个方向建一座门楼让村民出入，像藕田那样，让藕节自由地在田中延伸。经过数百年的发展，围墙内的地全都建满了屋，但是大家却都认为一旦离开了用青砖墙围起来的"藕田"，就像是离开"主茎"。于是村民想尽一切办法，宁可一间房从中间砌起一堵墙，多开一个门，兄弟各住半间将就着，也不愿意搬到围墙外去居住。故古村内巷子迂回曲折，岔路繁多，而祠堂、房舍、棚屋、水池等也一应俱全。

村内广裕祠是南宋陆氏族人的宗祠，始建于明朝永乐四年（1406 年）（图 3-41～图 3-43），与北京故宫同年修建的，至今近 600 年历史。广裕祠现为全国重点文物保护单位，2003 年修复后获"联合国教科文组织亚太地区文化遗产保护杰出项目奖"。广裕祠内供奉着陆秀夫（南宋丞相）、陆从兴

图 3-41　广州从化钱岗村广裕祠

图 3-42　广州从化钱岗村广裕祠中厅

图 3-43　广州从化钱岗村广裕祠后堂

（钱岗村始建者）、陆广平（广裕祠始建者）的排位。广裕祠中堂的脊檩下刻有阳文"时大明嘉靖三十二年岁次癸丑仲冬吉旦重建（1553年）"，这是广裕祠堂最早的重修记录，在中堂后面东廊间左侧墙内嵌一块《重建广裕祠碑记》，虽然字迹有些模糊，但上面落款依稀可辨"大明崇祯岁次己卯季夏吉旦重修（1639 年）"；在后堂的脊檩下和前厅的脊檩下分别还刻有阳文"时大清康熙六年岁次丁未季夏庚子吉旦众孙捐金重建（1667 年）""时大清嘉庆十二年岁次丁卯季冬谷旦重建（1807 年）"等字样，另外第三进祖堂后两柱间横枋阴刻"民国四年岁次乙卯吉日柱重为修后座更房之志（1915 年）"。这 5 处确凿的维修年代记录，完好地保存下了广裕祠在各个时期的重修记录，具有重要的历史价值，是目前为止在全国发现的唯一一间有五个确切重修年代记载的祠堂。此外后院的东侧山墙和第三进后堂西侧山墙内面保留有"文革"时期的标语，这也成为广裕祠在特殊的社会历史时期的真实记录。直至今日，每逢清明、重阳时节，村中族人都会集中在祠堂进行春秋祭祖。族中之人，无论长幼，都知道自己是陆秀夫的第几代传人，均以太公"背着小皇帝跳海殉国"为荣，均牢记着"忠孝传家"的祖训，默默地将先祖的气节传承。

在钱岗古村西更楼上发现一块清代镂空木雕樟木封檐板。经专家考证，木雕记录了清代珠江岸边的人文景观和自然风貌，木雕图活灵活现地展现出清代中前期（1733—1757 年）广州都市和珠江河上的繁荣景象。专家们认为这是一件具有重要历史价值和艺术价值的木雕，并称之为"珠江江城图"，有广州"珠江清明上河图"的美誉。"珠江江城图"为长 860cm、宽 28cm、厚 3.5cm 的封檐板。由于有 8m 多长，所以是分为三块雕刻好之后，再用榫头连接为一整块。封檐板上，靠近左边为陆地，中间主体部分是珠江，右边部分是山林景象。从左到右可以看到西炮台、广州的老城门归德城门、花塔、五层楼、海珠炮台、天字码头、东炮台、赤岗塔等广州史籍中记录珠江北岸的常见景物，各类房屋、城门、城墙、城垛有的还掩映在婆娑榕树之中。在海珠炮台与天字码头之间有一处西洋商馆区，特别引人注目。

封檐板镂刻记载了清代广州珠江沿江二十里地的景色，总共刻画了清代广州社会各阶层的生活景象，有河边下棋、钓鱼的老头，有戴高帽的洋人等各种人物 49 人，及各种船只 29 艘，反映当年广州城市与郊区的生活风情，人物内容有一家人的出游图，大人怀里依偎着小孩，雅士分坐两侧下棋；有老百姓在城门口见官员鞠躬行礼；有砍柴的樵夫走下山岗，跨过小溪上的石桥，放下担子歇脚，看着江边老翁垂钓；有悠闲的牧羊人，吟诗对歌的文人骚客；有神气活现的高鼻梁洋人，头戴礼帽，身穿燕尾服，右手拎着一拐杖。江上是各种类型的船舶，有的顺流而下，有的逆水行舟，船头船尾飘着旗帜，扬帆畅航。由于长年的风吹雨淋，这块工艺精湛、价值极高的封檐板已经濒临腐烂，由广州博物馆拆下收馆永久保存，作为从化是岭南文化重要发祥地的有力依据。现在村里看到的是该文物的复制件。

　　钱岗古村具有良好的防御性。最外围四周开挖水塘形成护村河，一旦发生火灾可以就地取水灭火。池塘与和村落外墙环环相卫，村落东南西北分别设有"启延门""震明门""镇华门""迎龙门"等4座门楼（图3-44～图3-46），门楼分为上下两层，以木梯相连，方便上下，上层如阁楼，在门墙上建有瞭望孔，通过瞭望孔，可以观察村子四周的情况。西门镇华门的两边门墙下面还专门开凿两处孔眼，内宽外窄。抗日战争时期，这两处孔眼作为机枪孔，左右交叉火力，封锁进村的道路，以抗击日军的进攻。南门震明门由"二重门"构成，第一重是由十几根粗重结实的枕木组成的"趟栊门"，第二

图 3-44　广州从化钱岗村启延门

图 3-45　广州从化钱岗村震明门

图 3-46　广州从化钱岗村镇华门

重是厚实的硬木双扇门，如果外敌想要强行入村，必须先把"趟栊门"上的枕木锯断，方能再撞击大门，这种大门设置是门楼入口的双重保险。

门楼不远还设有更楼（图 3-47）。门楼之间用墙体相连，形成护村围墙，而到了 20 世纪 60、70 年代，围墙开始被拆除。村内古巷阡陌交错，犹如迷宫，没有人带路很难走出来（图 3-48）。若要进出村子，必须要通过东南西北四道门楼，而每个门楼都有坚固的大门，每晚定时关闭。古村的东门

图 3-47 广州从化钱岗村西更楼

图 3-48 广州从化钱岗村政南巷隘门

楼外建有一座青砖牌坊，名为"灵秀坊"（图 3-49），约 6m 高，灵秀牌坊四柱三楼三门，顶层四角起翘，龙舟宝珠脊顶，檐口灰塑三重红底白色莲花托造型。以前古村各门楼前都植有大榕树，但由于历史变迁，现在只剩下镇华门旁那棵有 300 多年历史的古榕树了。现村里的老人，依然保持了以往的习俗，闲时聚集到大榕树下，议论村中大小之事，这棵古榕树见证了古村落的沧桑历史。

图 3-49　广州从化钱岗村东门牌坊灵秀坊

3.7　南社村

南社村位于东莞市茶山镇东部，距东莞市区约 15km。村落始建于南宋末年，初为戚、席、麦、陈、王等诸姓聚居的小村，后因战乱，谢氏先人尚仁公徙居于此，经数代繁衍发展，南社村形成以谢姓为主的村庄。据谢氏大宗祠的《崇恩堂序》记载，南社村里大姓谢氏宗族源于南京乌衣巷的东晋名士谢安，为避战乱南迁至广东南雄珠玑巷，南宋末年再迁至东莞南社开村。崇恩堂两侧的对联描述了家族的历史："随父宦以至南雄想当年冠服翩翩玉树家声崇追两晋，避宋难而迁东莞迨四传孙曾勃勃乌鸡神梦兆报五雏。"另《南社谢氏族谱》载有：南宋末会稽人（今浙江绍兴）谢希良在广东南雄州为官，其子谢尚仁因躲避元兵南侵，几经周折于宋恭帝德祐乙亥元年（1275年）定居南社。从明朝中期开始，谢氏先后出了11位进士、举人。南社谢姓村民以及从南社分枝海内外谢氏族人已有三千多。现存的祠堂、家庙、府第、旗杆石、墓碑等文物就是古村深厚历史文化底蕴的实证。

古村处于东江与寒溪河的冲积埔田地区，周围荔枝林茂盛，每到夏至时节，蝉鸣荔熟，鲜果诱人。全村以长条带形的水塘为中心，有16座祠堂分布两岸，构成南社村公共空间中心。过去这里是村里的祭祀核心。水塘被三座横跨其上的石桥分成四段，分别称为西门塘、百岁塘、祠堂塘和肚蔗塘。水塘两边的祠堂，占村落现在保留祠堂数的70％以上（图3-50～图3-53）。

图3-50 东莞南社村肚蔗塘景观

当年水塘为低洼地，两侧是樟岗岭和马头山。南社村古建筑群的布局不是当地典型的梳式，而是根据村落地势和水塘分布，形成一种船形。村东北祖坟高地为船头，高高翘起，四座水塘的地势微微下沉为船身，水塘上有三座桥——庆丰桥、四通桥和丰收桥犹如船的分隔仓。桥旁榕树高大，以四通

图 3-51 东莞南社村肚蔗塘祠堂建筑群

图 3-52 东莞南社村祠堂塘

桥旁的为最，象征船帆，取"一帆风顺"之意。

　　沿水塘两岸主街道布置祠堂，与水塘相垂直的有若干条向村内辐射的巷道，这些巷道随地势逐渐升高，民居建筑也沿地势逐级而上，错落有致，层

图 3-53　东莞南社村临池祠堂与民居建筑

次丰富，与环境相得益彰。这种以长形水塘为核心，沿两侧逐级而上的古村落布局模式，对村落的局部人居环境也起到调节的作用。水塘边古榕广场，成为村民活动的空间场所。民居布局既利于排水，也有"众水归塘"的风水含义，同时也寓意"百支同宗"的宗族意识。

南社村古建筑群基本保存了明清时期的原貌。全村共有明清祠堂、书院近30座，古民居250多座，庙宇旧址和遗址5座，古井40多口，古水塘7口，古墓葬30多座，还有古围墙及其遗址、门楼、谯楼多座。

祠堂群主要分布在古村中心带状水塘的南北两岸，在西门塘北岸有任天公祠、百岁祠、简斋公祠。在百岁塘北岸有樵谷公祠、百岁坊祠、照南公祠。南岸有谢氏宗祠、孟俦公祠。在祠堂塘北岸有念庵公祠、谢氏大宗祠、云野公祠，南岸有社田公祠。在肚蔗塘北岸有东园公祠、应洛公祠、晚节公祠，南岸有少简公祠、晚翠公祠。它们构成了独特的宗法文化祠堂景观。

百岁坊祠是一座坊与祠相连的建筑，前面是牌坊，后面连着祠堂。百岁坊始建于明万历二十年（1592年），当时南社村的谢彦眷夫妻都同时超过一百岁，东莞县令李文奎上报朝廷，朝廷准予建祠，公祠命名为"百岁坊"

（图 3-54）。百岁坊祠为三开间二进院落布局，首进为三间三楼牌坊，即四柱三间，中间高两边低，三座屋顶中间为四面坡的庑殿顶，两侧为歇山式屋顶，檐下施如意斗拱，梁枋石、木各有雕花，枋子两端下面有雀替与柱子相连，影壁须弥座为红砂岩，二进梁架木雕工艺精巧。百岁坊旁边还有百岁翁祠，是一位百岁老人临终遗命用自己所居古屋改建的，百岁翁祠为三开间三进院落布局，硬山屋顶，始建于明朝（图 3-55），现存有明万历二十三年（1595 年）《百岁翁祠记》碑刻，记载为纪念百岁老人谢彦庆而将其居所改为祠，祠内现存神台基座及碑座红砂岩石雕具有明代风格。

图 3-54　东莞南社村百岁坊

南社村明清祠堂数量多且各具特色，同宗祠堂的数量之多，十分罕见。祠堂成为南社村标志性的建筑，是了解在宗法制度下的农耕文明以及研究明清时期广府祠堂建筑的实例。谢氏大祠堂位于村中心，坐北向南，始建于明嘉靖三十四年（1555 年），前有池塘，后靠马头山。背山面水的"前有照，后有靠"的风水格局，建筑布局是三开间三进院落，二进檩条之间用卷草花纹雕刻的叉手与托脚联结，屋脊陶塑和灰塑及封檐板木雕刻工艺精美，建筑采用歇山屋顶，为广府地区祠堂少见（图 3-56）。

图 3-55　东莞南社村百岁祠

图 3-56　东莞南社村谢氏大宗祠石狮

祠堂除宗祠以三进布局外，各家祠、家庙则是二进四合院落形式，而民居布局以三间两廊为主。民居沿巷道而建，依地形和巷道的关系而灵活多变。村落北部的民居建筑年代较早，土坯房较多；南部的民居建筑年代较晚，建筑质量较好，墙体为红砂岩条石与青砖砌筑，建筑用材讲究，木雕、石雕、灰塑、彩绘均精美。整个古村建筑的形制、结构、体量、用料、工艺、色调以及装饰等仍然保存着明清时期广府农耕聚落的风貌（图 3-57～图 3-59）。

图 3-57　东莞南社村临水民居建筑群

资政第为清光绪二年（1876 年）武进士、礼部主事谢元俊宅，三开间二进院落布局，凹斗式大门，前后两进之间有穿罩，二进近前檐有落地大花罩，由桃树、仙鹤、凤凰、雀鸟、花卉等木雕组成，十分华丽。谢遇奇于清同治四年（1865 年）中武进士，因战功封为建威将军，其住宅为两栋三间两廊合二为一并置布局，两个天井院落，各自厅堂居中。院落两侧各有廊屋，两天井间隔墙开门将院落联通，正门是凹斗式的红砂岩大门。谢遇奇家庙紧挨着宅居，清光绪二十七年（1901 年）后人为纪念武进士总兵官谢遇奇而建，建筑为两进四合院式布局，硬山屋顶，抬梁与穿斗混合式结构，其木雕、石雕及正脊的陶塑、灰塑工艺精美。

图 3-58　东莞南社村内巷民居

　　南社村外河道纵横，交通便利，经济繁荣，也是东莞的重要墟市，加之返乡华侨带来很多财产，因此南社村的安全防御十分重要。为确保全村的安全，南社村修建了围墙，环古村一周全长 968m，墙高约 5m，宽近 0.5m，用红砂岩或夯土做墙基，墙体为青砖或红砂岩砌筑。围墙有东、西、南、北城门 4 座，小门 2 座，谯楼 17 座，现仅存村东门的一段城墙。据《南社谢氏族谱》记载，明崇祯十七年正月至八月，山寇多次劫掠南社，杀人放火。村人建造围墙，并制定相应的守卫和管理制度，其《谕乡人守围及巷战法》

图 3-59　东莞南社村内巷民居入口

《守城歌》等规章，成为守村抗击者的行动指南，先后多次成功地抵御外敌围攻。

3.8　上岳村

上岳村处于清远市佛冈县龙山镇民安墟之北，岳山脚下，北距县城 20 多公里。上岳村是因岳山而得名的，在清远北江河飞来峡东 10km 处有座岳山，岳山之水自东北向西南流入潖江河，岳山上游为上岳，岳山下游为下岳。

上岳村古民居建筑群始建于南宋，盛于明清，距今已超过 720 年的历史。上岳村的历史可以追溯到南宋末年，村落聚居着朱姓宗族。从该村族谱上可寻出这个家族的太祖是南宋抗元名将朱文焕（朱熹第 6 代孙），至今已传到第 32 代。这个家族在南宋末年跟随宋恭帝南逃，兵乱之中选择了这个宁静偏僻的地方安居直到今日。据《广东通志》和《清远县志》记载，南宋祥兴年间（1278 年），朱氏宗族的祖先，时任大理寺评事府君的朱文焕，保护皇帝南下，在北江抗击元兵，孤军固守在清远、英德交界的旧横石，虽然身受重伤，还坚持指挥作战，与元军激战两天两夜后殉国。朱文焕的儿子在兵荒马乱中守孝三年，并选择不再出仕，落户上岳村，开枝散叶，开始了上岳朱氏的起源。朱氏第六七代的子孙在外获取功名，最后都还是选择回到上岳村，建立屋场，诗书训子。第七代两兄弟分家成为上岳朝瑞和下岳连瑞。"乡贤朝瑞朱公祠"就是上岳十八里的总祠堂（图 3-60）。朱朝瑞的曾孙即为归仁里的朴山朱公，他的三个儿子分别居住在上、中、下归仁里，中归仁里最大，是长子以及后裔居住的。

上岳村的特色源于上岳古民居群，占地面积约 45000m²。整个村落大约长 200m，纵深 50m，明末清初是上岳村发展的重要阶段，逐渐形成以宗祠为中心，居住分设左右两个片区组群，通过街道串接里巷院落的格局，并在村中心的地带衍生出不同职能的中心：商铺、当铺、祠堂等。根据族谱记载，古时候上岳村整个古民居建筑主要由十八"里"组成，五家为一邻，五邻为一里。里坊单位共有 34 个。整个围村依山而建，环水而设，村落外围通过建筑及墙体围闭，四面建有东岳楼、西岳楼、南岳楼、北岳楼。全村共18 个门楼，分为 18 个里，而 18 口鱼塘则分别分布在村中各里。上岳村先有村心里，以后再分支发展到万兴里、龙井里、上东山里、下东山里、厚元里、广厚里、左桥头里、右桥头里、敦厚里、上归仁里、中归仁里、下归仁里、新前村里、旧前村里、右东山里、迎恩里、厚兴里等共十八里。过去所居住的里，实际上就是我们今天的自然村。上岳村村落古民居建筑群风格属

图 3-60　清远上岳村乡贤朝瑞朱公祠

于明清岭南广府派系，建筑群布局清晰严谨，错落有致，气势恢宏，保存完好，蕴藏着深厚的文化建筑艺术精华，具有鲜明的岭南建筑艺术风格，是目前广东规模较大、保存较完好的古村落之一。

上归仁里、中归仁里、下归仁里是保存最为完好的古建筑群。一个里有一个门楼（图 3-61～图 3-65），古门楼的建筑风格大都一致，硬山顶式的屋脊，高大的趟栊门，门的上方开有两个狭长呈长方形的枪眼，有的门楼在中间门额位置书写"里"的名称，一般都绘有精美的壁画，或题写古诗，可从

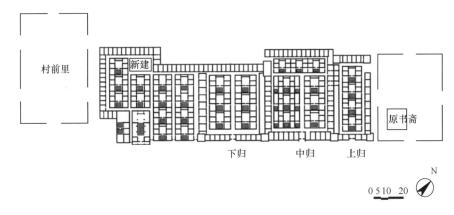

图 3-61　清远上岳村归人里平面图

图 3-62　清远上岳村古民居群

题款中知晓建筑的年代。门楼的门匾，首个是"归"，第二、第三个"归"字分别少了一横、一撇，三个归仁里约建于乾隆年间，由于建造时间不一，古人想出这个法子来区分。上归元里、中归元里、下归元里相连在一起，每个单元有四座小单元，每个小单元有四房一厅（四门归厅）、两间厨房、三个天井（俗称"五龙过阶"），整个里巷建筑群序列清晰，井井有条。各里巷

图 3-63　清远上岳村围村门楼

图 3-64　清远上岳村归仁里门楼

图 3-65　清远上岳村门楼内部

之外以稳固森严的围墙连成一体，围墙上没有窗户，只有枪眼、观察孔稀疏点缀其间，成为古村重要的防御屏障。同时各里又以独立的门楼区分，相互之间互不干预，自成一体。

上岳村民居建筑平面以典型的三间两廊形式为主，中轴对称，主次有序，层次分明。上岳朱氏是官宦之家，在建房时讲究气派，高人一等。上岳村民居多为镬耳山墙建筑，因镬耳形状看上去像明朝官员头戴的官帽。山墙、屋檐墙边做有各种图案装饰，远望数十个镬耳式防火山墙和硬山顶整齐排列，高低错落，相当壮观（图 3-66、图 3-67）。每幢民居均清一色青砖黛瓦，雕梁画栋，灰塑彩绘、浮雕木刻随处可见，各具特色。

朴山朱公祠是古村内最古老的宗族祠堂，建于清乾隆四十六年（1781年），重修于光绪九年，内部保存完好。镬耳山墙屋顶采用博古脊，脊梁上有两陶塑鳌鱼。朴山朱公祠堂前有一对石锁，分别有二百多和三百多斤重，是专门供族人习武的用品。

乡贤朝瑞朱公祠也是镬耳墙，它又称上岳祖祠，建成于清同治三年（1864 年），为朱氏族人力祀奉先人上岳始祖朱朝瑞而建。据传乡贤祠是朝

图 3-66　清远上岳村民居屋顶镬耳山墙

瑞、朱琳祖孙两人在朝廷做官时曾乐善好施，造福乡民，于是由地方官写成奏折上报朝廷，经皇帝特许建乡贤祠。祠堂坐北向南，占地面积 1120m²，广三路，中路为二进三间二廊建筑，两边建衬祠，两侧有青云巷，总面阔28.42m。建筑砖木结构，外观青砖灰瓦，龙舟脊硬山顶，屋檐上还保留有精美的灰塑和壁画。

下归仁里的泗美楼，亦称银庄，是村里最坚固的碉楼式建筑。外墙厚实，有近 1m。大门是与门廊齐高的铁栅，抵御战乱或盗匪。堂屋的木梯子

图 3-67　清远上岳村围内民居巷道

上至二楼，墙上正面侧面各两个方孔，通过方孔能环视全村，为观察敌情的瞭望口及防御外袭的射击口，同时又能通风透气。在抗日战争期间，村民们因担心银庄楼层过高而成为日军轰炸的目标，而把顶层拆掉了，原本三层如今只剩两层。

3.9 卿罡村

卿罡村位于连州市的保安镇，村后及两侧青山环抱，村前为一片良田，中间内凹弧状，向中部聚拢，呈"五鳅落湖"之势，寓聚敛财富之意，过去为绝佳的风水宝地，也是一处山青水秀的鱼米之乡。古村据说始建于宋末元初，但有文字记载的是明代永乐年间（1403—1409 年）。据《连州志》（清康熙十二年版）记载，古村有史可查的原名称"卿冈"。古代称做官者为"卿"，先祖祈盼族人多仕宦将才，将原来的村名"青冈"以谐音改为了"卿冈"。民国期间以村中著名景观"龙泉井"为荣呼"龙泉乡"，1951 年 7 月后改为"卿罡乡"。

卿罡古村格局是按北斗星来布局的。东、西、南、北四座门楼就是"天枢"、"天璇"、"天玑"、"天权"四星的位置。村子西面透迤绵长的三座青青的山冈，就是北斗星座的"长柄"，即"天罡"星。由此看来，村落通过门楼及山岗，形成"北斗七星"居住格局理念，中间村庄的古民居群建在"斗勺"处，故而最终取名"卿罡"。

卿罡村在清代还修筑了高达 4m，厚 1.5m 的围墙以及四座雄伟的门楼，围墙上有铳眼和望台，整个村落成了一座坚固的围堡。据村中老人讲述：清朝时，村里只有"接龙门"一个门楼（图 3-68），四周没有防御的围护墙体，由于卿罡土地肥沃、谷米产多，村民担心强盗山贼起觊觎之心，便想法修建防御工程。经过筹划，全村动员，百姓出力，乡贤出资，共耗资两万多银两，历经五个年头建成。然而，在 20 世纪"大跃进"期间，为炼钢铁修建砖窑，围墙拆去大半，剩下残垣断壁，仅在北门"天枢"附近残存一小段，追忆着远逝的沧桑。

如今村里的四座门楼都是清代留下的建筑，始建于清咸丰四年（1854年），历年有修缮。门楼镶嵌"紫气"、"薰风"、"挹爽"和"天枢"四块石匾，其字体由广东连州直隶州知州周振璘于清咸丰九年十一月书写，周振璘为贵州人，咸丰九年在连州任职一年。现"天枢"、"紫气"石匾仍镶嵌于高

图 3-68　卿罡村接龙门

高的门楼之上，字体清晰，气势不凡（图 3-69）。据说当年除城墙、门楼外，还有十二座防御望台，每个望台各用"天地玄云，毓秀滕芳，乾坤宇宙"中一字代称。

卿罡居住着唐、黄、胡、江、邓等姓村民，其中以唐、黄两姓人数居多，全村泱泱 3300 多人。卿罡主要由西巷、中桂、仁寿、镇龙四个自然村（也称四条巷）连成一片，构成目前的"卿罡村"，村内都讲卿罡话，属保安话分支。

图 3-69 卿罡村"紫气"东门

西巷和中桂两村的黄氏为同族兄弟。西巷的黄族为卿罡最大的家族，也是村里最早来此的家族，始祖来自福建郡望江夏。据村中《黄氏族谱》记："始祖宋评事黄公讳盖，字维林。"南宋末年，原籍福建的黄氏二十兄弟，为避战乱，经珠矶巷南雄迁隐居于岭南山区，其中一支在此扎下根，人丁兴旺。

仁寿和镇龙则以唐姓为主。居于仁寿的唐氏郡望晋阳，约于明永乐年间从连州西岸镇马带迁来，拥有着祖上北宋公孙三进十"金马世第"的显赫辉煌。据清道光二年《广东通志》记："唐元，宋雍熙二年（985年）进士，连州人，静父，尚书，屯田员外郎，中散大夫"、"唐静，宋大中祥符八年（1015年）进士，连州人，元子，大理寺评事"、"唐炎，宋景祐元年（1034年）进士，连州人，静子，太子右赞善大夫"，故仁寿村的唐氏宗祠内，还高高悬有"金马世第"的牌匾；居于镇龙村的唐氏郡望晋昌，由湖南蓝山毛俊入迁卿罡的时间约在元末至明洪武年间（1368—1398年），比起唐氏郡望晋阳早了约百年，卿罡晋昌唐氏族内在清代亦曾有父子二人同时应考又同时中举，分别考取了第二名和第七名，当地州县亦对唐氏族内二代同试中举大为褒奖，族内"兴学重教"也正是由这父子二人所倡导。

唐氏宗祠始建于清乾隆年间，清道光二十四年（1844年）重修。宗祠坐西向东，三进二井带两廊，通面阔三间 11.8m，通进深 28.2m，建筑面积 333m²，宗祠总体布局完整，建筑为青砖砌筑，硬山顶，上为阴阳板瓦面，正脊板瓦叠置，青色瓦当滴水剪边。宗祠头门面阔三间，进深十一檩 6.35m，前设三步廊，明间立有两根花岗石檐柱，方形石柱础，以柁墩、斗拱承托前廊梁架，梁架柁墩上雕瑞兽花卉博古，步架间有鳌鱼托脚，虾公木梁上雕刻有精美的花卉，上施异形瑞兽斗拱隔架，封檐板、檐下彩绘花鸟图案，封檐板中间有篆体卷书"金马世第"。大门素面石门墩、木门枕。门额上雕有八卦图案户对，门楣上悬"唐氏宗祠"木匾。内置屏门，门柱下有鼓形石柱础。两根后檐柱，有素面覆盘形石柱础。屏门后是青石砌筑的天井，天井中间用青石板铺就，天井两侧的两厢为抬梁木架构，七檩进深 3.8m，四檩卷棚顶，木隔门雕花木檐板彩绘花卉图案；第二进为中厅，面阔三间，进深十三檩 7.6m，以瓜柱承托檩条。两对木金柱，有木槛，素面覆盘形石柱础。后置屏门上方悬清道光二十四年（1844年）"岁进士"木匾，上款："大明崇祯十四年辛巳科连州岁贡生唐□潘立"，下款："旨清道光二十四年岁次甲辰秋月合族孙修复"。第二进与第三进之间的天井两侧庑廊檐楣下有彩绘花鸟、山水、诗词题字及灰塑人物故事图案；第三进为上厅，面阔三间，进深十五檩 7.9m，以瓜柱承托檩条。中央设神龛，供奉唐氏祖先的牌位三尊（图3-70）。

立于唐氏宗祠百米左右的一座化字炉，称得上是古村文化形象的标志物。化字炉高 260cm，旁有清咸丰年间的《鼎建化字炉碑》，记载着古村重视书香文风，重教尊师的传统。清同治年间，晋昌唐族的唐济渭与其长子唐毓英在州学院试中，名列第二名、第七名，受到官府表彰，赐匾"同游泮沼"。字和纸都是孔圣人传下的圣物，不可玷污，村里人只要见到有字的纸张遗落地上，出于对文化的尊重，不让一些不经意之人践踏，每个人都会自觉地捡拾，将寓以"圣人的眼泪"含义的纸文，放到化字炉里。

图 3-70 卿罡村唐氏宗祠室内

置于村中央的龙泉井，始建于宋代。龙泉井为双井，大井为八角形，取义八卦之象。旁有石板砌成一丈见方的四方形小井，两井以一石孔相通，乃构思天圆地方，天地之灵气相通。井水清澈晶莹，冬暖夏凉，一年四季长流不息（图 3-71）。龙泉井旁边有清代楚南宜邑解元彭运修的碑文《卿冈遗记》："连州在宋以前隶桂阳与同郡，迄今虽分楚粤，由予家南抵连城相距仅一百二十里，酬酢往来可以朝发而夕至焉。乾隆戊申岁（1768 年）……九月，予适西溪访友，路经卿冈，偶遇村士者……挽叙数日。予揽连州山水之秀甲于岭南，即城北卿冈一隅之区，层峦叠嶂，合流屈曲，无不迴巧献伎……因拔其林壑之尤美者拟以八景作七律一章以记其胜……"彭运修的碑文不但记录了古村开创"八景"之始，还特别为"八景"之《龙泉喷珠》写下赞美之词："凿成方鑑号龙泉，水喷如珠戏沸莲。不事探骁浮瀚海，何劳剖蚌觅长川。层渊垒垒宜绳贯，叠浪重重倩蚁穿。幸遇明主怜井溧，从兹受福乐尧天。"八角龙泉井中央矗立着一座青石雕柱，上面镂刻有龙首鱼身的鳌鱼彩陶、寿星公、玉宇等。石柱突出泉水面约 1m，据说以前有股粗大的泉

图 3-71　建于宋代的八角形龙泉井

水由石柱顶端喷射而出,十分壮观。匠心独到的青石雕柱的主题包含了"海屋添筹"和"鱼龙变化"等神话故事。"海屋添筹"的典故出自宋苏轼《东坡志林》卷二:尝有三老人相遇,或问之年。一人曰:"吾年不可记,但记少年时与盘古有旧。"一人曰:"海水变桑田时,吾辄下一筹,迩来吾筹已满十间屋。"因此,卿罡人用"海屋添筹"来祝福村中的老人长寿;"鱼龙变化"即著名的鲤鱼跳龙门的故事。石柱顶那龙首鱼身的鳌鱼彩陶,则相传鳌鱼其首如龙,其身如鲤,古代有龙生九子的传说,鳌鱼便是龙的九子之一。旧时所谓"独占鳌头",意为占据"第一",指我国古时宫殿门前台阶上的鳌鱼浮雕,古代科举进士发榜时状元站此迎榜。

　　位于连接湘粤古驿道上的卿罡古村落,街巷宽窄不一,曲直弯折多变,出于防御安全考虑,村内各区域的街巷建有隘门(图3-72、图3-73)。建筑类型多样,祠堂、民居、商铺、门楼、街亭、巷门应有尽有,青砖灰瓦、飞檐雕花,古朴丰富(图3-74、图3-75)。村内的一棵千年古榕,枝叶繁茂,树干周长三个人无法合抱,成为村民约定俗成的休息地。

图 3-72　卿罡村街巷内的仁里门

图 3-73 卿罡村街巷内的兴全门

图 3-74　卿罡村内的民居

图 3-75　卿罡村街巷的过街亭

4 围寨

4.1 围寨类型与格局

围寨是广东潮汕民居的一种特殊类型，是一种特殊的集居式住宅。当然，围寨类的建筑在客家等地区也有，但围楼形式更多一些。潮汕地区筑寨的主要目的是防海盗、防野兽和集居。据《潮州志·兵防志》记载："堡寨，古时大乱，乡无不寨"。据调查，潮汕地区各个市县都有寨，以东部潮安县为最多，其中仅铁铺一个区就占24座（图4-1）。潮汕地区沿海，居民大多数从福建南迁而来，故这种寨的形式与闽南地区的楼寨有很大关系。

图 4-1　广东潮安铁铺镇村落圆寨

潮汕围寨多见于滨海的平原地带，围楼则分布在丘陵和山地，如饶平和潮安山区等地。滨海的地势辽阔平坦，可以建造规模巨大的"围寨"；而山区山岭多起伏，平坦地少，只能向空中发展，因而建造面积较小而楼层较多的"围楼"。就占地面积而言，围楼是无法跟围寨相比的，如潮汕最大的八角围楼——饶平三饶的道韵楼占地面积 15000m²，只是 15000km² 的潮州龙湖寨的百分之一。建于明代的龙湖寨在旺盛时期聚居的人数竟超过十万，里面分布着数以百计的大型府第和祠堂书斋。平原地区的围寨多以面积取胜，而山区围楼则以高度取胜，可见"围寨"和"围楼"分别是适应平原和山区不同地形地貌环境的防御性民居的最佳选择。

围寨大都建于明末清初，最早者有建于宋末元初者，如潮安县古巷区象埔寨，现还存有明清建筑。寨有圆寨、方寨之分，特殊形状的寨还有八角形寨、二十边形寨、马蹄形寨、椭圆形寨、布袋形寨等，有的地方也将寨称为寨堡。

1. 圆寨

潮汕圆寨的平面由居住单元沿着圆周布置而成。每单元一个开间，单元为双数，一般为 20、24、28、30、32、36 等。其分配是寨门一间，正对寨门的一间称为公厅，作祠堂用，其余各间作为住家。住家单元的平面类型有四种形式：单进竹竿厝、二进竹竿厝、三进竹竿厝和爬狮，平面都是扇形，前小后大（图 4-2）。前三种类型多用于单环寨，爬狮式较多用于双环寨或三环寨的外环或中环部分。

单进竹竿厝平面，卧室、厨房、生活起居都在同一房间。室内阴暗潮湿，通风不良，居住条件差。两进或三进竹竿厝平面，中间为天井，进门为单侧门楼，可放农具。后进两层或三层，有木梯可上楼。厅在楼下，住房在夹层或二层，顶层做贮物用，布局较合理。在二楼靠内院设凹廊，各家独立，但外观好像互相连通的跑马廊，如潮安铁铺镇的桂林寨等。

圆寨还有单环、双环、三环之分。双环寨的布局与单环寨的布局基本相同，所不同的只是单元形式。这些环形房屋，层层相套，有的寨可以达到数百间之多。寨内水井粮仓一应俱全，当被围困时，通常可守数月。铁铺镇坑门村东寨为双环寨（图 4-3），杨厝寨（图 4-4）则为三环寨，里环 20 间，中环和外环不齐全，每环各有 11 单元，为爬狮式民居。

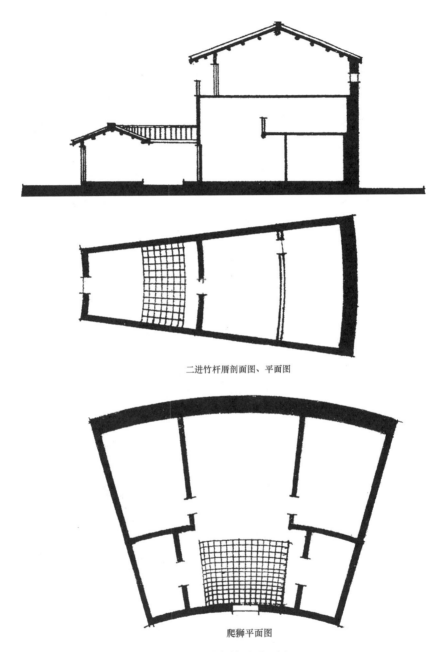

二进竹杆厝剖面图、平面图

爬狮平面图

图 4-2　圆寨单元平面图

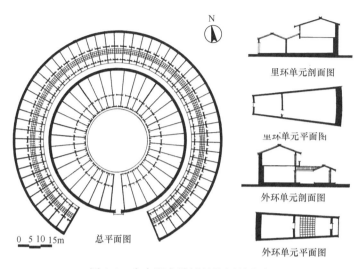

里环单元剖面图

里环单元平面图

外环单元剖面图

外环单元平面图

0 5 10 15m　　总平面图

图 4-3　广东潮安铁铺镇坑门村东寨

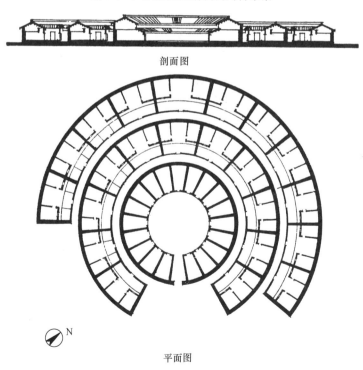

剖面图

平面图

图 4-4　广东潮安铁铺镇坑门村杨厝寨

2. 方寨

方寨的平面布局有两种形式，一种是四周为两层或多层的围屋，内院为梳式巷道布局，巷道两旁为爬狮或四点金式住宅。实例有古巷镇的象埔寨、铁铺镇的尚书寨等，但后者围屋四角为弧形。象埔寨这种外形规整方正的大型围寨，仿佛是一个缩小了的古城。后来的潮汕方寨，多效仿这一种布局建造，如建于清代的潮阳东里寨和揭西大溪李新寨，几乎和象埔古寨一样，可见在近千年的历史进程中，这种建筑形制竟这样恒稳地沿袭下来了。

另一种寨的平面形式与本地的驷马拖车或潮阳的图库很类似，它是三座落和从厝、后包的组合体，但周围房屋已连成一体，或两层，或三层，成为一种寨楼的形式。大型的如永盛楼（寨），是驷马拖车的相似体，中型的像石丘头寨（图4-5），与图库类似。

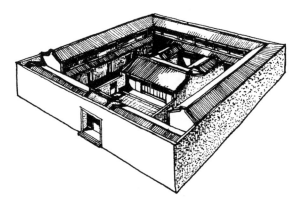

图 4-5　广东潮安铁铺镇石丘头寨

3. 其他平面类型的围寨

除圆寨、方寨外，还有特殊形式的寨。如潮州铁铺镇的八角楼寨（图4-6、图4-7），建于清嘉庆年间，坐北朝南，外形为不等边八角形，布局与图库相似，中间为公共厅堂，住房沿八角形外围绕厅堂布置。至于为什么会是八角形，据当地传说，寨后有山，山上有一头牛常下山捣乱，为了套住牛，寨采取八角形平面，那两边缺角部分像牛鼻子，在牛鼻子中间穿一绳子

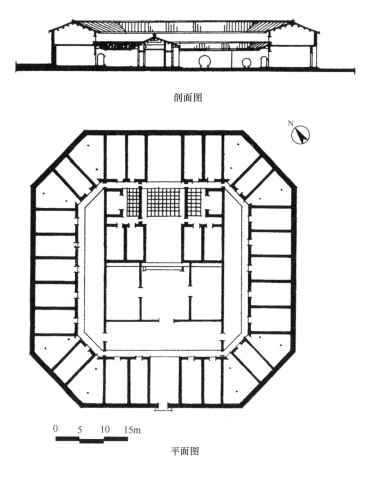

剖面图

平面图

0 5 10 15m

图 4-6 广东潮安铁铺镇八角楼寨

将牛绑住，牛就被镇服了。

　　此外，还有二十边形寨，如溪头乡溪头寨，平面同圆寨，不同的是寨的周边为多边形，同时，内院增建了一座布袋式四点金祠堂；马蹄形寨如五乡村的鹿景寨（图 4-8），为半圆寨与围屋的结合体；椭圆形寨如潮州铁铺的尚书寨等；布袋形寨如西陇村的古陇寨，内部平面与图库同。

　　至于寨的朝向，圆寨南北不拘，方寨基本坐北向南。这些形形色色、变化无穷的古寨构成了潮汕地区的寨居文化。

图 4-7　广东潮安铁铺镇八角楼寨外观

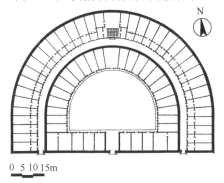

图 4-8　广东潮安铁铺镇五乡村鹿景寨平面图

4.2　永宁寨

　　永宁寨位于汕头市澄海区隆都镇的前美村，始建于清康熙四十三年至四十八年（1704—1709 年），雍正十年（1732 年）建成，至今已有 260 余年的历史。陈慧先因行船经商致富，始建永宁寨，去世后由其子陈廷光续建，并亲自题写寨名，制成石匾，嵌于寨东门上。

　　陈廷光，清康熙三十二年考中癸酉科举人，后被委任到直隶（今河北省）赞县当知县，曾任清内阁中书。为防野兽侵袭、盗贼掠夺之苦，遂遍观各地城墙城门、古寨村落，与当时的国师郭禹藩共同研讨设计，糅合多种形式，设计出建筑村寨的方案，后来委托亲属筑永宁寨，雍正十年陈廷光辞官回梓之后，将永宁寨修建完毕。建寨目的在于防洪、防涝和防盗贼，祈望永远安宁，故名永宁寨。

全寨占地约 10000m²，坐西南向东北，正对着远处的莲花山。四周有沟渠池塘护卫，前面寨池澄清，莲峰倒影，明堂开阔，众水汇聚，被认为传统"风水"绝佳之地。全寨设大小三个寨门，两个大寨门对应开在左右两面寨墙前端，俗称"龙虎门"，是出入寨的主门。寨门上建有门楼和瞭望窗口，作为守夜值更防卫之用，"永宁寨"三字平稳端正地立在门上（图 4-9、图 4-10）。小寨门开在后寨墙，有太平门之用。后寨墙的东南角还建造一个方形的碉堡式建筑物，俗称"寨耳"，是旧时守更岗楼，上下有枪眼，控制着

图 4-9　澄海隆都镇前美村永宁寨大门

寨后和寨右墙外的通道。寨门正中写着"永宁寨"三个字，标注着"雍正十年"的字样。两扇门页分别写着"义路""礼门"，其含义是先儒陈廷光对子孙的遗训，寄望子孙要懂得"礼义乃人生之路，处世之门"。

图 4-10　澄海隆都镇前美村永宁寨门楼洞

整座古寨，呈矩形结构，平面按"驷马拖车"的格局布置，是典型的潮汕古民居建筑风貌（图 4-11）。寨内阳埕分上中下三层，地面前低后高。布局前为灰埕后为住宅，中间建成 3 列并排的传统厅堂，均为"四点金"硬山顶建筑，倚两侧和后面寨墙而建的住居均为两层楼结构，互相连接。寨墙三面高，一面低，全是灰砂夯成，坚如磐石，至今无一处坍塌。两侧和后包寨墙高 8m，厚 0.8m，俯瞰全寨居屋，形似马蹄，全寨共有厅房 210 多间。

图 4-11　澄海隆都镇前美村永宁寨厅堂建筑群

　　寨内正中央是一座规模宏大的厅堂建筑，三进建筑，正厅为祖堂"中翰第"（图 4-12）。这座中翰第前厅悬挂"乐善好施"牌匾，墙上挂有古寨主人陈廷光及其夫人余妙德的遗像。正厅的中央悬挂着一块牌匾，上面写着"重宴鹿鸣"四字（图 4-13）。"重宴鹿鸣"又称重赴鹿鸣宴，是清代科举制度对考中举人满六十年的庆贺仪式。康熙三十二年（1693 年），时年 22 岁的陈廷光考中癸酉科举人，得赴鹿鸣宴，60 年后，经奏准他又重赴专为新科举人所设的鹿鸣宴，以祝贺获得高寿。时任两广总督的苏昌，特向 82 岁高龄的陈廷光赠送对联："与宴重逢攀桂日，问年已越钓璜时。"中翰第的后厅布置十分简单。中翰第与左右两座"四点金"排成一列，呈三进两巷布局。中翰第厅堂两边是阡陌小巷，小巷里遗留下数十间从厝房屋。左右均有巷门，左边巷口的对联写着："东鲁雅言诗书执礼，西京遗训孝悌力田。"右边巷口的对联则写着："克勤克俭保世滋大，是彝是训进德有基。"

　　寨内阳埕前有一口八角大井，构造奇特，天气晴朗时可见井中有井，那是一个八卦形木壁古井，永不干枯，全寨人饮用水，全靠此井（图 4-14）。寨正面临水，墙高 4m，墙外为护寨河。方寨正中对着远处的莲花山峰，每逢晴朗天气，寨前河水澄清，莲峰倒影如画，宗祠明堂开阔，实为风水绝佳

图 4-12　澄海隆都镇前美村永宁寨中翰第大门

之所。"荷映波平"为永宁寨所处的前溪陈村古八景之一。古井的后面，有
一条石阶，沿着石阶可以登上寨门楼和望窗口。

图 4-13 澄海隆都镇前美村永宁寨中翰第厅堂室内

图 4-14 澄海隆都镇前美村永宁寨八角井

永宁寨是潮汕地区十分独特的布局造型，集传统府第与围楼建筑于一体，形成一个互有联结的民居建筑群，其既不同于山村圆寨，也有别于一般民居住宅。它是建在平原低洼地区的方形寨，外围是寨墙楼，内中是整齐有序的平房宅第和 8 条火巷构成一个外高内低、全封闭的大院落。

4.3 桂林寨

铁铺镇位于潮安、饶平、澄海三县（市）交界处，著名的侨乡之一，是潮州市重要的交通枢纽，素有"潮安县东大门"之称。桂林寨位于潮州市东南 16 公里处的铁埔镇桂林村内，为陈氏家族所居住。据说明万历年间（1573—1619 年），先祖陈氏从今本镇的石丘头迁此创村，因地处丘陵、青竹、桂树繁茂，风景秀丽，定村名为桂林村。桂林村聚落沿山坡呈梯状分布，建筑多为泥砖木结构平房，其中最有特色的就是村中保留有的"桂林寨"古建筑。

桂林寨初建时为单环建筑，后因人口增加，向外扩建，原拟建三环，但扩建了一部分后即停止，原因不详。桂林寨内环建筑为一座 24 开间的环形圆寨（图 4-15、图 4-16）。大门由北向入口，正对大门的是公共祠堂，其余

图 4-15　广东潮安铁铺镇桂林寨

各间为住家单元。单元分两种类型，一是爬狮式，布置有厅、房、厨、厕、杂物等房间，每户占三个开间；一是竹竿厝式，布局为前厨后厅，房在二楼，占一个开间。爬狮式住家有两家，位于公祠左右，其余为竹竿厝式民居，共16家。寨为夯土墙、木桁条承重的结构方式，每个单元为两进，前进为单层，后进为两层，中间设夹层。垂直交通用木梯，梯为活动式，不用时可旋转后倚靠墙壁。这样，可节约室内用地，也增加了房间内部空间使用的灵活性。

4.4　象埔寨

象埔寨位于潮州市潮安区古巷镇古一村，东距潮州古城约8km，坐西向东。古寨始建于宋代，距今已有近千年的历史，是明清发展盛期的贸易商埠，也是目前粤东地区保存完整年代久远的古寨之一。

据潮州陈氏古巷孝思堂族谱记载，象埔寨村民都是万四致政公的裔孙，万四致政公为人敦厚笃诚，德高望重，于南宋景定三年（1262年）岁次壬戌开创象埔寨。自陈氏十世祖枫坡公于明永乐庚子年创建大宗祠陈氏家庙孝思堂后，财丁兴旺，各姓氏随着年代的推移，逐步改为陈姓。至民国初期，象埔寨终于一统陈姓。

图 4-16　广东潮安铁铺镇桂林寨内院

象埔寨倚象岭、朝笔峰，地处韩江支流横溪的旁边，潮汕早期的古寨多位于江河的岸边，古时寨前曾是川流不息的古港。寨南寨北有护寨的河渠，一面靠山，三面临水。整个方寨外围由高大牢固的寨墙围陇，寨楼大门上有石匾额"象埔寨",落款上为"壬戌之秋",下为"颖川郡立",说明古寨陈氏祖先乃从河南中原南迁而来。象埔寨地灵人杰,历代科举名贤辈出,根据潮州陈氏有庆堂族谱记载,有进士、贡生、举人18人,寨中现有进士第一座,大夫第七座。

象埔寨呈方形,面宽162.4m,纵深154.4米多,总面积25000多平方米。围护寨墙高有6～7m,寨墙厚近1m。全寨由东大门进出,石砌拱顶,上有寨楼,寨前广场庄严矗立着十座旗杆石。寨内有三街六巷七十二厝,三街六巷笔直布置。一进寨门便有一条直通大宗祠的大道,长110m,宽5.9m。大道两侧各有三条平行直巷,每条巷长140m,宽2.3m。从寨内至大宗祠后,有三条横街与巷交叉穿全寨,前街长157m,宽2.7m;中心街长157m,宽3.7m;后街长157m,宽1.5m。全寨三街六巷都贯通,四通八达(图4-17～图4-19)。

图4-17 潮州市潮安区古巷镇
象埔寨鸟瞰

图4-18 潮州市潮安区古巷镇
象埔寨门楼入口

图 4-19 潮州市潮安区古巷镇象埔寨内主街

　　古寨建筑格局规范严谨，布局合理，围寨中部的民居均是"四点金"衍变而来的合院，旁侧靠寨墙的为五间过或三间过民居。这种外形规整方正的大型围寨，有如缩小了的古城，后来的潮汕方寨，多效仿这种布局（图 4-20）。宗祠位于围寨后部中央，陈氏大宗祠在围寨中轴线的末端，左右两侧有小宗祠。陈氏大宗祠后面有一座气势雄伟的大夫第后楼，与寨门遥相对应，寨墙两端中部也有更楼相对。

　　沿中轴线行走，尽头可见门亭一座，为"留芳亭"，上面篆刻着"陈氏家祠"。留芳亭为"八柱四垂"建筑，这种三进祠堂前面设置留芳亭的格局，在广东的祠堂建筑格局里面较少见，是目前粤东地区唯一的一座（图 4-21）。留芳亭进去后祠堂群前的外埕共有四座院门，南北各有两座，分别为西湖公祠和松轩公祠的龙虎门。

　　越过留芳亭，这就到了陈氏宗祠建筑群了。陈氏宗祠包括陈氏家祠、西湖公祠和松轩公祠。陈氏家庙（即大宗祠）位于寨后部中央，留芳亭之后，

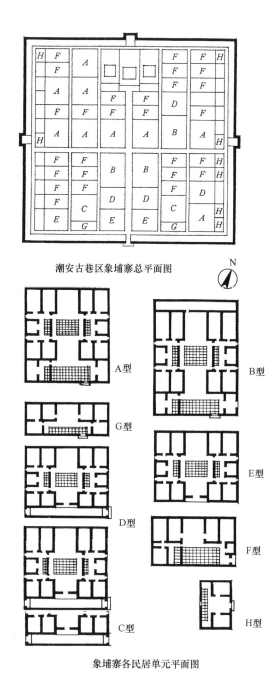

潮安古巷区象埔寨总平面图

N

象埔寨各民居单元平面图

图 4-20　潮州市潮安区古巷镇象埔寨平面图

图 4-21　潮州市潮安区古巷镇象埔寨留芳亭

是陈氏十世祖枫坡公于明永乐庚子年（1420 年）创建，占地约 603m² （图 4-22、图 4-23）。祠堂三进，坐西向东。中堂匾额"孝思堂"，寓意后世子孙

图 4-22　象埔寨正对着门楼的陈氏宗祠大门

图 4-23　象埔寨陈氏宗祠天井

要孝敬长辈，代代相传。堂前挂着五块匾额，自左至右是"宁德县正堂"（纪念"明成化十九年任福建宁德县令塞轩公"）、"明经进士"（纪念"康熙辛卯科岁进士"）、"安远县正堂"（纪念"陈氏十五世裔孙月塘公于明嘉靖年间荣膺"）、"拔元"（纪念"清咸丰辛酉科贡生陈方平公"）。这些被写入牌匾的，不仅仅是一个简单的称谓，更是象埔寨人的荣耀，既有对先祖的思念，也有由此而生的自豪。

大宗祠左边是西湖公祠（二房祠），建于清光绪三十年。右边是松轩公祠（房祖祠），建于清乾隆二十九年甲申九月。这两座祠堂外埕都配有"龙虎门"的建筑格局，龙虎门为南北向，门脊为楚尾花。西湖公祠龙虎门正面石刻匾额"二房祠"，背面匾额龙门为"奕叶流芳"，虎门为"崇禋世祀"。松轩公祠龙虎门正面石刻匾额为"房祖祠"，石刻书法刚劲有力，四座院门雄伟壮观。松轩公祠前面是雍穆公祠，建于清道光十七年，是一座华贵尚美、精雕细刻的清式建筑。

象埔寨的民居类型很多，但主要为潮汕地区常见的四点金、爬狮和从厝等几种形式，通过不同面宽、进深、开间，加上不同房间尺寸以及建筑平面内部的不同组合，组成了丰富的平面类型，即通过民居平面单元类型的组合所成，其特点是组合合乎模数化。象埔寨民居风格一致，外观朴实，并不张扬，只是入口门楼高出，显示一定的雄壮和严肃感，平面形制符合本地民间营造丈竿法规定，并且家家有水井，使用方便。

寨中主要古庙有两座，一座是仁里庙（又名"花宫"），另一座是玄天上帝南北庙。仁里庙是四点金式的建筑，是全族的"土地父母"官，所以装饰也相对讲究。村中每逢孩子出世，家族人总是要到庙里去求神以保佑新生儿今后健康成长。家中若有丧事，家族人也是要到此庙"报地头"，请求神灵保佑轮回。村民将此庙神灵当作家族的神仙父母官，所以生死大事都会来此报告。玄天上帝南北庙是供玄天上帝和元天上帝的庙宇，每年正月十九，全族将停止一切活动，参加古寨规模最大的游神活动。是日，各家各户要准备好礼品摆于神前，即所谓的迎圣驾，届时还要举行赛大鹅的比赛，场面热闹非凡。游神是从白天到夜晚不停歇，圣驾所到之处神前要放鞭炮，晚上则燃烟火，很是热闹。

全寨东西南北有四口大水井，72座民居内都有一口水井，总共有76口水井。寨门楼和寨后楼都是双层楼，对全寨安全、防卫等工作起着重要作用。从寨门到大宗祠一线就像是整个古寨的中轴线，围绕中轴线的纵横的巷道使古寨四通八达，井井有条。

古寨在规划和建筑中有四个特点：（1）全寨是经过周密规划而建成，道路整齐，交通方便。（2）建筑规整，平面类型丰富，每座民居造型各异。（3）寨内地势前低后高，排水系统畅通。喝水靠水井，每座厝都有水井。寨内四角各有水井一口，供公用。（4）建筑外观统一、朴实。但门楼高出，有一定的雄伟和严肃感。

4.5　龙湖寨

龙湖又称塘湖，因西、南、北皆池塘（古彩塘溪遗迹），故名。据《海阳县志》记载，初创年代为南宋绍兴二年之前，经数百年龙湖先民的建设，至明嘉靖年间，为防御倭寇的侵扰，筑寨自卫，形成了"三街六巷"的聚落规划格局，寨中汇聚有数百座宗祠、府第、商宅、宫庙等建筑物。龙湖古寨地处潮汕平原，韩江中下游之滨，古寨呈带状，南北走向，面积约 $1.5km^2$，寨内辟三街六巷，从门到街巷显得设计有致，布置明朗，俨然一座小城，其地形及建筑风格与古时潮州府很相似，故龙湖有潮州小城之称（图 4-24）。历史上的龙湖寨水陆交通便利，为它后来成为繁荣的商埠提供了一个重要的

图 4-24　潮州龙湖古寨寨门

条件。龙湖寨东有韩江西溪，西临尚未湮没的古彩塘溪，陆路又是通往府城的要道，周围十里沃土。龙湖寨恰处于韩江的出海口，大宗货物运输多通过水运，由于龙湖具备水陆交通的特殊位置，自然而然地成为历史上潮州的物资集散地之一。

古寨的寨内结构相当讲究，是先人按照九宫八卦修建的，寨中央直街长1.5km，由于形似龙脊，便将原先的俗称"塘湖"改为"龙湖"。中央直街的东面有新街、上东门街、下东门街，西门有五宫巷、隆庆巷、福兴巷、狮巷、中平巷、伯公巷，形成"三街六巷"的工整格局（图4-25、图4-26）。在平面布局方面，因地理条件的限制，龙湖寨中的府第、民居大部分无法横向发展，形成多纵轴线的建筑群体，只能沿中轴线纵向发展，个别府第达八进之多。这些建筑平面布局在潮州民居建筑中甚为罕见。

图4-25　龙湖寨街巷

过去寨内最大祠宇是许氏宗祠，位于下中栅上段，坐西向东，始建于康熙年间，为潮州传统建筑四点金格局的扩大，占地面积780m²，分为四进布局，中轴序列有大门、二门厅、中厅和后厅。二门厅较具特色的三门面，称为三山门，其中门也称鞠躬门，中门上额有两个长出的圆形门簪，中门两旁有石鼓两个，这石鼓也称户对，三山门的建筑体现主人身份的显贵，三山门

图 4-26　龙湖寨街巷

的中门平时都是关着，有高贵客人或祭祀大事才开中门，平时出入都走旁门。中厅为"明序堂"，每年冬节祭祖或开席时，必须按辈分入座（图4-27、图 4-28）。后厅"著存堂"为祖公厅，中设神龛，供祖宗神位，是每年祭祀

图 4-27　龙湖寨许氏宗祠大门　　图 4-28　龙湖寨许氏宗祠门厅望明序堂

的地方。厅堂石柱巨大，木柱梁枋等具用全材，祠堂显示宗族的实力与财气。许氏宗祠还是戊戌变政时创办的第一个新式学堂旧址，校名"震华"取自祠内对联："震为雷无声光焉能赫赫，华而实有文质而后彬彬"。

婆祠是龙湖古寨另一个有名的祠堂，由清代龙湖巨商黄作雨为其生母周氏所建的"婆祠"，也是潮州唯一的女祠（图4-29）。康熙初年，周氏过世后，黄作雨欲将母亲牌位放于氏族宗祠中，族人强烈反对，因其周氏为妾侍，不得入祠。黄作雨毅然斥巨资在其宗族祠堂旁另建一座比黄氏宗祠更宽大、更气派的祠堂。为建母祠，黄作雨还将天后宫也挪了地。婆祠的建筑格局为门前广埕的二进四厅相向，四面八屐形式，大门楼屐下有倒挂莲花为饰，大门牌匾由清代大儒翁廷资所书写。

图4-29　龙湖寨婆祠——潮州唯一的女祠

龙湖寨天后宫位于龙湖寨南门内，始建于明代，清代迁于今址。现庙中尚保存嵌于壁上的碑刻一块，文曰："吏部候选州同知黄名之赵，暨侄其进等同捐，天后宫后拣地去铺七吉存巷伍尺广，阔三丈五尺深七丈。乾隆五十三年七月十五日学修立"。天后宫的大门门神并非一般祠宇所见的武将——据传说为唐朝的秦琼、尉迟恭，威风凛凛，手握剑柄，起着护卫的作用，而是绘着两位端庄肃穆、和蔼慈祥的女性，她们手捧如意，身着罗裙，不加冠，背后有飘带，这在潮州庙宇中未见先例。大门两侧的石鼓向内处，刻有似"双狮戏球"的石刻。

龙湖寨历史上以重文崇教著称，"龙湖多书斋"盛名在外，除了创办于明代的龙湖书院外，全寨书斋全盛时数量不少于 30 处。著名的有黄姓"江夏家塾"、许姓"高阳家塾"以及"梨花吟馆""读我书屋""抱经舍""雨花精庐""怡香书屋"等。

龙湖寨至今仍保存着许多明清时期的古民居建筑，其中以清代建筑最为华丽同时也保存得最好，如探花府、进士第（方伯第）、太卿第、儒林第、绣衣第、夏氏府（夏雨来故居）等。

儒林第位于福兴巷，坐北向南，分四进，始建于清乾隆中期，是到苏州经营糖业发迹的黄衍、黄鼎相父子两代所建。他们参仿苏州的建筑式样，请了苏州的建筑师傅建造。大门是全副华表式的石门框，非潮汕传统的檐楹结构，屋檐角当是潮州地区罕见的"齿"字造型，作用在于减少屋顶的重量对下面檐口角的压力，屋脊采用红砖通窗连续图案作为装饰，屋顶瓦面不包灰，柱脚有精致的石刻花纹。此府第是龙湖寨内唯一具有苏州民居特色的建筑（图 4-30）。

进士第位于隆庆巷中段，坐北向南，是明嘉靖时广西布政使刘子兴的宅第，因年久破旧，于民国初由刘子兴的裔孙，同时也是一代侨领的刘正兴先生重建，落成于民国十二年。刘府的大门为进士第，二门为方伯第，因刘子兴职授广西布政使，在明朝建制上为一省最高的行政长官，相当于封建制度五爵中的伯爵，故而也称方伯第。建筑布局为三进带一后包，三从厝，后有花园，更楼。大门后的门厅内置有四扇博古屏，嵌瓷屋脊有飞禽走兽、花卉水果等，墙面灰塑彩绘有人物、动物、山水、花卉等，外窗窗楣上有西洋图案罗马花式，梁枋、檐板木雕采用浮雕、通雕、圆雕细刻而成，然后贴金。后厅即祖公厅，为"绥成堂"。建筑讲究，是龙湖寨最具规模的名人宅第，也是保留完好的一座大宅第（图 4-31）。

图 4-30　龙湖寨儒林第

图 4-31　龙湖寨进士第

4.6 双峰寨

　　双峰寨位于仁化县城西 19km 的石塘镇石塘村，原名石塘寨，后取寨门前门楣横匾"双峰保障"之意，改称为"双峰寨"至今。是乡绅李德仁为防范土匪抢掠，筹金三万，始建于清光绪巳亥年（1899 年），于清宣统庚戌年（1910 年）建成，前后用了十二年时间。

　　双峰寨占地面积近 9000m²，外观长方形，平面为回字形，中间是宽大的内院，寨子南北长 73m，东西宽 69.65m，略呈长方形，建筑面积4164m²，是少有的大型寨堡。寨堡内攻、外防环环紧扣，以一个主楼（也称中楼）和四个角楼（炮楼）为主体，东西两面城墙中间各有瞭望台，其间用围墙相连。主楼五层，高 15.3m，角楼比主楼稍矮，三层 13m，围墙四面以走马廊连通。廊分两层，底层宽 3.15m，称半边屋，可作住户，据称可容千人。上层宽 1.3m，联通包括主楼在内的几个角楼，值更守望相助。走廊每隔 3.9m 有一小枪眼，共有 55 个小枪眼，角楼居高临下，能从不同角度消灭各方来犯之敌（图 4-32～图 4-34）。

图 4-32　仁化双峰寨保安门外观（高海峰　摄）

图 4-33　仁化双峰寨角楼（高海峰　摄）

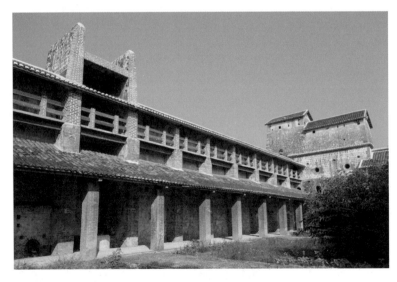

图 4-34　仁化双峰寨城墙连廊与瞭望台（高海峰　摄）

双峰寨墙体坚固，墙体全部用石灰石及青砖再加上糯米浆、黄糖、石灰浆及桐油砌成。有些青砖上烧成有"费金三万""李自性视公名下""李德仁等筹建"的字迹。寨外周围有护城河，宽 13.7m，水深 1.5m，河上有吊桥，吊桥分两段，中间有一个桥墩（图4-35、图4-36）。过了吊桥城堡又有两重寨门深锁，第一重两扇大门用樟木制成，厚5寸（15cm），大门顶有"双峰保障"四个大字；第二重门与大门结构相同，门顶有"保安门"三个大字。

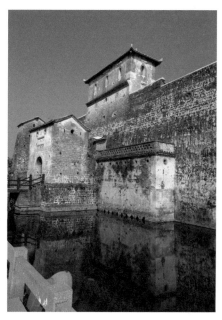

图4-35　仁化双峰寨城墙与护城河
（高海峰　摄）　　图4-36　仁化双峰寨城墙外的护城河
（高海峰　摄）

1927年，"四·一二"事变后，国民党反动派对共产党人实行血腥镇压，南昌起义失败后朱德率起义军余部到达仁化董塘，组织农民暴动，朱德同志把从土豪缴获的枪支弹药送给农会，加强了农民自卫军的力量，自始星星之火在石塘燎原。1928年1月6日，朱德率部向乐昌县进军后，反动武装以百倍的疯狂向农会报复，在中共仁化县委的领导下，石塘农会将几十万斤粮食、煤炭运进堡内，依靠着堡内的三口水井，与敌人做持久斗争。1928年3月中旬，国民党第七师以两个团兵力包围双峰寨，寨内700多军民在农民自卫军营长李载基的指挥下，开展了震撼粤北的双峰寨保卫战，先后粉碎敌人炮攻、火攻、挖地道等阴谋。11月，敌人三次出动飞机侦察轰炸，并想方设法切断寨内水源。守寨军民不屈不挠，于 12 日从秘密地道分三路突围，战斗坚持了 9 个多月，牺牲了黄梅林等 400 多人，其中有 20 多户全家捐躯，表现了视死如归的革命英雄气概，被当时的中共广东省委誉为"广东农民暴动中最伟大的战斗"。

4.7　大鹏所城

广东村镇聚落一般分为两类：一类是普通农村、渔村等村落；还有一种聚落类型是军屯，即驻屯的军队。朝廷制定"寓兵于农"的政策，利用驻屯军队就地耕种土地。汉武帝元鼎元年（公元前 116 年）就在西北边关以六十万人戍田。曹操整合军屯与民屯，在各地设立田官专门负责屯田。《三国志 • 魏志 • 武帝纪》记载："夫定国之术，在于强兵足食，秦人以急农兼天下，孝武以屯田定西域，此先代之良式也。"明代早期为了促进军屯的发展，朝廷还调拨耕牛、农具和种子，而各地军屯月粮能自给且有盈余。卫所是明代兵制的核心编制单位，明洪武十七年（1384 年），在全国的各军事要地，设立军卫，一卫有军队五千六百人，其下依序有千户所、百户所、总旗及小旗等单位。有事调发从征，无事则还归卫所，并与户籍制度配合，维持卫所制运行。清代的卫所职能沿袭明代，并制定了严格的规则，为当时的社会稳定发展起着非常重大的作用。广东是海防前沿，有相应的海防体系和卫所军屯建制。卫一级规模相当于镇，条件较好，设施也较为完善；而所一级规模相当于村，大多设在临近海边，条件相对艰苦，军屯驻地多有围墙城堡，攻防能力强，与一般的村落格局差异很大。这种围城状的防御格局与围寨式的格局多有相似之处，故放入该章节一并介绍。

大鹏所城位于深圳市东部大鹏镇，始建于明洪武二十七年（1394 年），是明清两代南中国海防军事要塞。明代初期建立的"卫""所"军事制度，是最基本的军事编制单位。明洪武年间，广州左卫千户张斌奉命筑"大鹏守御千户所城"。大鹏所城战略地势险要，从海路扼守珠江口，防备外敌入侵岭南重镇广州。清代大鹏所城将士在赖恩爵将军带领下取得了鸦片战争首战——九龙海战的胜利，在中国近代史上占有重要地位。大鹏所城是我国保存最完整的明清海防卫所，也是研究明代卫所军事制度的重要实证。

大鹏所城的得名源自当地的自然环境，过去属新安县管辖，新安城东有大鹏山，由"罗浮逶迤而来，势如鹏然"，故名之。整个古城呈方形布局，地势北高南低。据康熙《新安县志》记载："……沿海所城，大鹏为最……内外砌以砖石，周围三百二十五丈六尺，高一丈八尺，址广一丈四尺，门楼四，敌楼如之，警铺十六、雉堞六百五十四，东、西、南三面环水，濠周围三百九十八丈，阔一丈五尺，深一丈。"

大鹏所城格局完整，有雄伟的古城门，古色古香的老宅，特别是气势宏伟的将军府第。街道空间特色突出，城内有东西、南北向的主要街道有 3 条：南门街、东门街和十字街，街道地面用长条石板铺筑，街道宽约 4m。城内主要建筑有参将署、县丞署、军装局、关帝庙、天后宫、守备署、赵公祠、华光祠、刘起龙将军第、赖恩爵将军第等。

大鹏所城城墙门现有东、西、南三座，其中东、南两门保存较好，皆为明代建筑（图 4-37）。北门在清嘉庆年间被堵塞。城门通道地面用花岗岩石板铺设，顶部用平砖和模型砖以三顺三丁的纵连砌法结拱起券。内设双重门，第一道门为上下起落的闸门，设在门道的前半部分、第二道门设在门道的前后两部分的交接处，由向内开的两扇门扉组成。城墙长 1200 多米，东城墙约长 306m、南墙约长 255m、西墙约长 318m、北墙约 361m。城墙是板筑夯土墙外双面包砖。城外东南西三面环绕着深 3m、宽 5m 的护城河。

大鹏古城雄伟庄重、风格古朴，内有近 100000m² 的明清民居建筑群，民居大多是明清时期之遗存。古建筑鳞次栉比，错落有致，窄街小巷，石板铺就，厅堂厢房，古色古香。城内具有重要文物价值的民居建筑 17 座（间）。数座建筑宏伟、独具特色的清代"将军第"有序分布，其中以抗英名将赖恩爵的振威将军第最为壮观，该将军第有 150 年的历史，拥有数十栋屋宇，厅、房、廊、院组合丰富，较有特点，其中牌匾众多，雕梁画柱，是广

图 4-37　深圳大鹏所城东门街巷

东省不可多得的大型古建筑。位于大鹏所城南门附近的民居群，布局结构大多保持了所城初建原貌，条石框窗、青砖砌墙和红砖铺地。因为深圳处于广东广府、客家民系的交汇点上，从这些民居特点来看，具有广府和客家两处民居的综合特点。

清道光年间福建水师提督刘起龙将军的府第位于古城南门街内，是一座典型的清代中叶天井院落式建筑群。刘起龙道光六年任福建水师提督，为抗击东方倭寇和西方殖民者入侵做出了不少贡献。病卒于任，皇帝诰封为振威将军。该府第呈不规则梯形，东墙长 18m，西墙长 30m，宽 30m。平面布局为侧门内进，门首横额题"将军第"（图 4-38）。

赖恩爵为鹏城村人，一代水师名将，曾在鸦片战争中与英殖民者交战，取得辉煌胜利。清道光年间任广东水师提督，封振威将军。鸦片战争爆发前夕，赖恩爵就任大鹏营参将，负责严禁鸦片走私。虎门销烟后，英殖民者不甘心失败，寻机挑衅，在九龙山炮台对面海域不宣而战，猝然开炮。赖恩爵率各艘水师船只与炮兵还击，以中国水师的胜利告终。赖恩爵振威将军第位于南门右侧内，建于清道光二十四年(1844 年)，规模宏伟，建筑面积 2500m²，

图 4-38　大鹏所城刘起龙将军府

宅第侧门内进，门首横额楷书"振威将军第"五字（图 4-39～图 4-41）。

　　鹏城赖氏三代出了五位将军，三个一品、两个二品，两个提督、三个总兵官，赖氏遂成广东望族，时称"文颜武赖"。

图 4-39　赖恩爵振威将军府大门　　　　图 4-40　赖恩爵振威将军府厅堂

图 4-41　赖恩爵振威将军府厅堂院落

赖英扬将军第位于正街郑氏司马第之东侧，为两进二开间一天井的府第式建筑结构，面宽7.8m，进深12.4m。大门木匾上雕楷书"振威将军第"，大门有较为精致的木雕，门内有屏门。

赖世超将军第位于赖恩爵振威将军第对面，是赖氏第一代将军赖世超的府第。该将军第面积约150m²，为清中期府第式建筑。大门门额上挂"将军第"牌匾，两边有对联："武艺深藏须急运，功求不露显灵通。"

赖恩锡将军第位于南门附近，赖恩锡是赖恩爵将军之堂弟，清道光年间曾任福建晋江镇镇台，正二品。该将军府长10.5m，宽9.6m，面积约100m²。将军府虽有改造，但其整体格局仍保存完好。

赖绍贤将军第位于西门内，规模仅次于赖恩爵振威将军第，占地面积1500m²，有大小房间35间，为清道光年间所建的建筑群。赖绍贤为赖恩爵之长子。该将军第门首横额楷书"将军第"，檐板、梁枋、墙壁上饰以金木雕刻和绘制花鸟书法等。

赖绍林将军第位于赖绍贤将军第侧面，为赖恩爵第四子绍林所居住。将军第长20.5m，宽17.6m，面积约为350m²，门首也是横额匾题"将军第"。平面布局为侧门内进，二进二间。青砖墙体石筑墙基，硬山屋顶，房间地面铺以红阶砖，天井用条石铺砌。

天后宫位于西门内鹏城正街，始建于明永乐年间（1403—1424年），是祭祀海上保护神天后的庙宇。天后宫占地200多平方米，共分三进。门前13级台阶，走廊立着两条花岗岩圆柱，精雕细琢。门楼红匾上镌着"天后宫"三个斗大的漆金体行书。门两侧刻有一联："万国仰神灵波平粤海，千秋绵俎豆泽溯蒲田"。500多年来，天后宫香火鼎盛，每年的农历三月二十三为天后生日，且每隔五年举办一次隆重的"打醮"活动。

5　围楼

5.1　方围楼与圆围楼

　　围楼是各类民居中防御性最强的类型，尤以客家围楼为最。分布广东各地的围楼外观方面有一定的差别，主要有方形和圆形的土楼、椭圆楼、方形角楼和城堡式围楼等。

　　客家民居的方形和圆形土楼主要分布在粤东的蕉岭、大埔、饶平等地，其建筑外观造型与福建闽西客家民居的方形、圆形土楼差不多，其围楼布局有房舍结构为单间的通廊式，也有结构为套间的单元式。

　　据深圳博物馆编《南粤客家围》中论述："在梅县、蕉岭、大埔和饶平等地对客家围楼考察时发现，这些与福建毗邻的客家地区也分布着与福建土楼相似的方形或圆形的围楼，其内部平面布局有内通廊式，也有单元式；外围墙有泥土或三合土夯筑的（称土楼），也有卵石或石块垒砌的（称石楼）；居民不仅有客家人，也有福佬（潮州人），甚至畲族人。如饶平县不仅上饶地区的客属上善、上饶、饶洋、新丰、九村和建饶六个镇有方形或圆形围楼，而三饶、汤溪、浮滨、浮山等潮属镇也有方形或圆形的围楼。可以这样说，在福建方形或圆形土楼的分布打破了闽西客家与闽南民系的界限；而在粤东方形或圆形围楼的分布则打破了客家民系与福佬民系的界限，甚至打破了汉民族客家与少数民族——畲族的界限，在饶平县饶洋镇蓝屋畲族村，操客家语的畲民居住的泰华楼就是典型的客家圆围楼。

　　"……客家围楼区域类型的'流变'，主要是由于自然、经济和社会条件的变化而引起的，它包含着中国传统建筑文化与土著文化和外来文化交叉发展和互存的关系。如前所述，福建方形或圆形土楼的分布打破了客家民系与闽南民系的界限，粤东方形或圆形围楼的分布则打破了客家民系与福佬民系的界限，甚至打破了客家民系与畲族的界限；建筑结构（主要指通廊式、单元式）也你中有我，我中有你。"

1. 方围楼

方围楼是指平面呈方形或矩形的围楼，内部住房平面布局则主要有：梅县、蕉岭、大埔的围楼为内通廊式，即在每层楼上用木结构的檐廊将各户连通起来；河源等地的客家围楼内布局基本上是采用堂横屋、杠屋的一般建筑组合，所不同的是在民居外围采用高大墙体的围屋建筑，以突出其防御功能；饶平所见为单元式，与闽南的围楼相似。建筑材料有土夯墙，也有用石或砖垒砌。

建于明末的蕉岭北礤镇石寨村郭氏方楼，墙体用黄土夯筑，土楼墙体用黏土加骨料（竹片、杉树枝等），围楼在东北与西南角的转角处向外突出1m呈碉楼状，既是楼梯通道，又能起到望楼的警戒作用（图5-1）。围楼分三层，通廊式结构，檐廊宽有1米多，共有63个房间，建筑高13.6m，对称布置，围成一个内院，中轴尽端为祖堂。底层房间用作厨房，二层作为谷仓，三层为卧室，每户从一至三层占一个开间。

图5-1 蕉岭北礤镇石寨村郭氏方楼（摘自深圳博物馆编
《南粤客家围》，文物出版社）

大埔湖寮镇龙岗村蓝氏绳武楼，是座典型的方楼，规模较小，为泰安楼蓝氏后裔所建。绳武楼外墙用三合土夯筑和青砖砌筑而成，大门做成牌坊式，门楣上书"绳武楼"，落款"武进堂，己未孟秋（1919年）"。与大门相对是一堂、二耳室的祖堂。绳武楼楼高二层，上为通廊式，檐柱下石上木，四角有木楼梯上下。首层有厨房，二层为卧室，每边6房1厅，每层24房4厅。楼内设有水井、米碓谷等。建筑面宽34m，进深34m，占地1156m²。

2. 圆围楼

圆围楼主要分布在与福建接壤的大埔和饶平两县。仅饶平饶洋镇赤棠村詹氏就有7座围楼，其中圆围楼5座，方围楼2座。赤棠村詹氏新彩楼建于明末，为四层土楼，每层34间，各层均为回廊贯通，土楼直径60m。饶平上饶镇马坑张氏镇福楼，坐南朝北，共有三环，外环三层，每层60间，中环二层，内环一层，面积共11300m²，据说是饶平客家围楼之最。饶平县上善镇二善村的徐氏启明楼，三层，每层32间，土楼直径52m。饶平三饶镇南新村的圆围楼新韵楼（图5-2～图5-5），有外、中、内三环构成，环与环间有天井相隔。在大埔桃源，有陈氏祥发楼、钟氏祥和楼、范氏福庆楼等。大埔和饶平客家圆围楼的共同特点是，围楼大都为单元式结构。

图5-2 饶平三饶镇南新村新韵楼

图 5-3　饶平三饶镇南新村新韵楼入口大门

图 5-4　饶平三饶镇南新村新韵楼内檐

图 5-5　饶平三饶镇南新村新韵楼内院水井

　　潮安广兴楼位于凤凰镇大寨村，距潮安凤凰镇政府仅 0.3km，建于清道光二十三年（1843 年），围楼占地面积 1394m²，楼高二层 6 米多高，周长 122.5m，是座中型围楼（图 5-6、图 5-7）。而离广兴楼不远的潮安凤凰镇康美村缵美楼，却出名得多，也是一处建于清代的圆围楼，已有近 300 年的历史。圆楼的平面由居住单元沿着圆周布置而成，内环居住单元的平面类型为爬狮，都是扇形，前小后大。正对寨门的一间为公厅，作祠堂用，层高比住家要高些。缵美楼内环为单层，外环三层，二三层各居住单元对圆形内院处设有凹阳台，内、外环之间用天井相连（图 5-8）。

　　饶平饶洋镇蓝屋畲族村的蓝氏泰华楼，建于清嘉庆九年（1804 年），该楼与前面所述圆围楼形状有一定差别，为椭圆形围楼。该楼坐东向西，东西直径 47m，南北直径 49m，外墙下用石砌，上为夯土墙。外围三层，每层 26 间，内环一层，为爬狮形单元，进深 15m。泰华楼中轴上堂为祖公堂，内院石块铺砌。

图 5-6 潮安凤凰镇广兴楼鸟瞰

图 5-7 潮安凤凰镇广兴楼

图 5-8　潮安凤凰镇缵美楼内院

5.2　方形角楼

　　方形角楼主要分布在粤北始兴、翁源、新丰、连平一带以及粤东兴宁、五华一带，因围楼在四角建有碉楼，也称为"四角楼"，还有人称之为"四点金"，在江西则通称为"土围子"。粤北粤东地区的四角楼，与早期的围屋有关，也与赣南土围子有着渊源传承关系。粤北连平油溪镇黄氏茶壶耳祖屋就具有早期围屋的形式，黄宅围屋内部布局是采用堂横屋方式，为三堂四横，外围屋单层周边布置，较有特色的是外围屋倒座对着堂横屋的内侧，为条状带檐廊的建筑，入口大门、下堂与中堂梁枋上木雕精致，这在其他方形围屋建筑中较少见到，同时方形围屋没有设角楼，正立面两边山墙为方耳山墙的变异，三级跌落起翘，所以围屋被称为茶壶耳（图 5-9）。离茶壶耳祖屋不远的一座四角楼大夫第，是由黄氏的后人所建的，围内建筑高两层，外围屋高三层，四角筑角楼，高四层，由此可见，其围屋的防御性是民居越往后发展而防御性越强（图 5-10、图 5-11）。

图 5-9　连平油溪镇黄氏茶壶耳祖屋

图 5-10 连平油溪镇黄氏四角楼大夫第民居

图 5-11 连平油溪镇黄氏四角楼大夫第民居内围屋

　　这种方形的四角楼，与前述的方、圆围楼有一定的区别，其外形和内部平面结构，也有较大的变化和差异。四角楼的主要特点是在方形或矩形围屋四角加建碉楼（图5-12），其外形和内部结构也有所不同，而粤东与粤北两地的角楼又有各自的特点。粤东四角楼内一般中轴为堂屋，以三堂居多，左右横屋和上堂外墙相连成围，四角建有高出横屋和堂屋一至二层，即二至三层的碉楼，碉楼凸出檐墙1米多。正面三门，中间堂屋为入口正门，左右两侧横屋有小门，门前与围垅屋的布局相同，有禾坪、前护墙、半月形池塘等，禾坪两头建出入"龙虎门"。粤北四角楼大多外围四周围合成口字状，内部平面布局有堂横屋，整个建筑平面有如汉字的"国"字状。粤北四角楼内部平面布局还有堂横屋、杠屋、排屋等其他形式的建筑屋式，也有四周围屋做成两重围，呈回字形，或者围屋做成二层围楼等。四角碉楼有助于防御机能的提高，角楼墙体上布有射击孔洞，顶层比外檐墙高出约3m，内为木构阁楼。

图 5-12　连平陂头镇连星村四角楼

　　方楼的平面，实际上是由双堂屋或三堂屋为主体进行组合、发展而成的一种大型方形建筑群。它中央为低层，四周围屋为楼房，高多为两层，也有高三层或四层，甚至更高。外墙厚约1.2m，外观封团、坚实、稳固。方形角楼的形式多样，兴宁市黄陂镇东风村四角楼，外围还设有壕沟（图5-13）。惠东县的房龙世居（图5-14），其四角楼后还带有两层的围龙屋。

立面图

剖面图

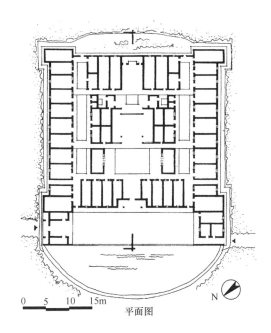

0 5 10 15m

平面图

N

图 5-13 广东兴宁黄陂镇东风村四角楼

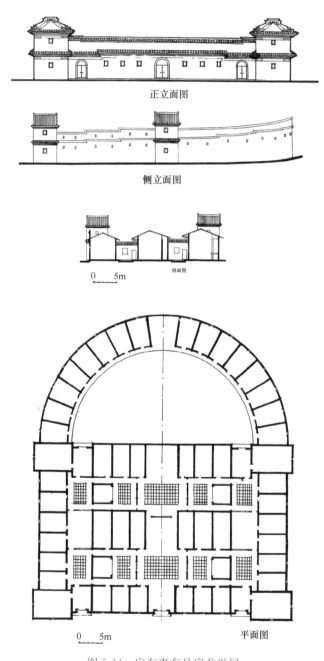

正立面图

侧立面图

侧面图

0   5m

0   5m   平面图

图5-14 广东惠东县房龙世居

方形角楼中，除了四角楼外，也有做单角楼、双角楼，甚至多角楼的，但民居平面还是以方形或矩形居多。

　　位于新丰县城丰城镇的参军第，围屋内布局为国字形，中轴是三进祠堂。与其他四角楼不同的是，入口大门不做倒座而是围墙形式，围墙大门采用跌级式的马头墙。四角的角楼高二层，屋顶采用广府地区民居常用的镬耳山墙，建筑外观造型既有江西民居风格，也有粤中广府地区民居的建筑风格（图 5-15、图 5-16）。

图 5-15　新丰县丰城镇参军第鸟瞰

图 5-16　新丰县丰城镇参军第大门入口

连平县陂头镇夏田村丛秀围，内为国字形布局，建筑层高较高，做有夹层，入口大门外观呈圆拱状，整个围屋只有一个大门出入口，围屋外有禾坪、半月形的池塘（图5-17、图5-18）。离该围屋不远的德馨围（图5-19～图5-21）、世德围，其建筑形式与布局也差不多。陂头镇连星村的八头门，平面以矩形为基准，个别部位呈凸出状，四角做有角楼，围内布局为杠屋形式。

图5-17　连平县陂头镇夏田村丛秀围

图5-18　连平县陂头镇夏田村丛秀围内

图 5-19　连平县陂头镇夏田村德馨围

图 5-20　连平县陂头镇夏田村德馨围正面

图 5-21　连平县陂头镇夏田村德馨围外晾晒米粉

　　与其他一般的四角楼不同的是连平陂头镇李坑村八角楼，建筑围楼由两重方围组成，每重方围四角都设有碉楼，形成富有特色的八角楼。整座建筑高二层，角楼高三层，内外圈围楼屋顶的外侧都筑有高大的女儿墙，墙上设有射击孔洞，屋顶四周通过角楼可以互相连通，具有极强的防御性能（图5-22、图5-23）。八角楼入口大门与卜述围屋相似，也是圆拱状大门，门中做有粤中地区常见的趟龙门，趟龙木条为菱形状，大门右下角有便于猫狗出行的小洞。门的两侧设有枪眼，枪眼用麻石凿成，外观造型多样，如圆孔、条状、葫芦形等。八角楼中轴对称布局，轴线上为祠堂，祠堂高两层，共二进，祠堂中堂置有木梯可上二楼，上堂祖堂两层高，祖堂的后部设有廊道连通两侧二楼的房间。

　　广东河源市和平县林寨镇林寨村古建筑群（图5-24、图5-25），目前保存较完好的古民居有24座，其中清代民居20座、民国初年建造的民居4

图5-22 连平县陂头镇李坑村八角楼屋顶与角楼

座，有新朝议第、老朝议第、大夫第、司马第、中宪第、凤翔第、广文第、德馨第、永贞楼、南薰楼、福谦楼、谦光楼、世美楼、天佑楼、颍川旧家、太邱家风、美尽东南等。古民居建筑大部分为方形四角楼围屋，四角置碉楼，建筑多为外立面高达8～10m，主体建筑宗祠为三进院落厅堂式布置，两层楼高，屋外石雕精美，屋内木雕雕刻手法精湛，表面金漆至今仍金碧辉

图 5-23 连平县陂头镇李坑村八角楼屋顶角楼窗洞外眺

煌（图 5-26、图 5-27）。四角楼平面布局多为二堂二横或二堂四横式，有明显的中轴线，主体建筑厅堂建于中轴线上，两旁建厢房和横屋，在厅堂与厅堂之间、厅堂与横屋之间，用天井或巷道作为交通网络，将整幢房屋连接起来。宅居里面房屋众多，厅堂、卧室、仓库、厨房、厕所等一应俱全。角楼外墙不设窗户，采光主要依靠天井，因此屋内大小天井，少则几个，多则十几个。天井既用于采光，也用于通风，使屋内空气得到充分流通，并且利于

图 5-24　和平县林寨镇林寨村古建筑群

图 5-25　和平县林寨镇林寨村永贞楼

图 5-26　和平县林寨镇林寨村角楼室内天井檐廊木雕

图 5-27　和平县林寨镇林寨村角楼室内天井檐廊装饰

雨水和生活用水的排放。四角楼正门设在建筑中间。两旁还有侧门，做成凹斗状，称"斗门"。凹斗门的朝向是由风水堪舆来决定，据说大门的朝向假如不能很好地聚集财运，就另开一个斗门，运气就会聚集。四角楼内到处都有石雕木雕等艺术装饰，最精湛的装饰主要在公共活动场所，如大门、厅堂等，无论是石质还是木质材料，无论地面上的柱础还是屋顶上的翘脊，无论是隔断屏风还是门罩雀替，均大量使用了镂雕、浮雕、圆雕等装饰工艺，雕刻手法精湛，繁简有序，玲珑剔透，巧夺天工。

1. 中宪第

林寨村中宪第由陈肇骧（号腾冀，光绪十年附贡生）于清光绪二十三年（1897 年）创建。四面都与田地相邻，平面呈正方形，面宽 48.6m，进深四进中夹天井 46.5m，占地面积 2371.5m²。坐北朝南取正南方向，四角建有碉楼。

主体建筑二层，硬山顶，碉楼三层，歇山顶，石灰夯筑墙体，棱角牙砖叠涩出檐，外墙不设窗户，一、二层只设 40cm×10cm 枪眼，三层设 35cm×35cm 瞭望孔，平面布局为三堂二横一倒屋形。主体建筑三进，依中轴线布置依次为下厅、中厅、上厅，两侧有厢房和横层，厅与厅之间有廊庑连接，整幢屋内用九个天井分隔，三条横巷连通地面皆铺大方砖。门厅用木格扇间隔，裙板浮雕鹿、鸟、牡丹画面，书"美在其中"四个楷体字，均镀金漆。中厅廊庑用圆木柱承檩，青石花篮形柱础，月梁、封檐均有麒麟、花草图案浮雕。中厅亦用木格扇间隔，格扇上用浮雕、镂雕手法雕刻狮子、鹿、花鸟图案，层次繁复，手法精致，上书"业广惟勤"四个楷体字。

主体建筑正门外设一大天井，长 33.5m，宽 5.4m，天井底部用河卵石铺成金钱状，东侧建有圆形红砂岩水井。天井南侧加建一排双层倒屋，两边建三层碉楼，与主体建筑合成完整的方围屋。大门开在天井西侧，南向偏西45°，与主体建筑不在同一方向，有别于一般围屋。青石门框，门楣上阳刻"中宪第"三个楷体字（图 5-28、图 5-29）。正门为凹肚式门楼，高达 10m，圆形木檐柱，花篮形青石柱础，五步梁、插斗、筒柱承檩，月梁上浮雕鱼龙、水草纹饰，雀替镂雕花卉。

图 5-28　和平县林寨镇林寨村中宪第西门入口

图 5-29　和平县林寨镇林寨村中宪第内院

2. 谦光楼

林寨村谦光楼由陈步衢（字云亭，桂军将领）创建于民国六年（1920年），占地面积约 2700m²。谦光楼整栋建筑共有十厅十一井，房间 258 间，水井、粮仓、厨房俱全，可容纳几百人居住，充分体现客家围屋的聚族而居、防御性强的特性。

谦光楼平面呈长方形，四角建有碉楼，一进为三层走马楼仿西式楼房，二、三、四进为三堂四横殿堂式格局，依中轴线依次为正门、下厅、中厅、上厅，联系两厅之间有廊庑，侧边有厢房，两侧各有两排横屋，在横屋与横屋、厅与横屋之间有三条巷和 11 个天井分隔，通过天井和横巷这样的交通网络，将整栋房屋联在一起，不出大门即可互相通透。下厅门楼入口有青石雕刻门框，大门上面牌匾书"光远第"三个字，整个大屋处处可见精美雕刻（图 5-30、图 5-31）。屋内屏风、格扇、月梁、插斗、雀替、瓜柱、驼墩上

图 5-30　和平县林寨镇林寨村谦光楼外观大门

203

均有大量浮雕、镂雕手法雕刻的神仙人物、飞鸟、走兽、花卉等图案。屏风和格扇上分别书有"是亦为政""克和阙中""东辉太乙""西焕长庚""燕翼诒谋""兰桂腾芳"等寓意吉祥的词语。

图 5-31　和平县林寨镇林寨村谦光楼内院二进光远第

3. 颍川旧家

　　林寨村颍川旧家由陈履中（字正卿，民国二年任和平县议会议员，七年任广东省议会议员，九年任和平县知事）于民国十八年（1929 年）创建（图 5-32）。建筑大门正中阳刻"颍川旧家"四个楷字，落款是庚午年（1930 年）谭泽闿书。整体平面呈正方形，高三层，搁瓦布檩式砖木结构，平面布局为二进二横式，依中轴线向两边平均布置，正中依次为大门、门厅、中厅和上厅。横屋为三层走马楼式楼房，楼前有长 25m，宽 3m 的天井用于通风和采光，屋内石木构件均大量运用镂雕和浮雕手法雕刻着草木花卉、松鹿、麒麟、锦鸡、瓶花、人物故事等图案，皆繁复精致，技艺精湛，栩栩如生，其表面的金漆，至今仍显得金碧辉煌。

　　中厅石柱上镌刻有对联："凤吉兆当年被先世余光永卜其昌仁里别开新

境界，熊祥占奕异勉后昆济美共歌式好义门丕显大规模。"厅中格门、屏风格扇上都题有各款文字，如："公忠报国""勤俭持家""孝友传家""惟怀永图"等自勉词语。天井都比较大，增加了通风和采光面积。横屋建成走马楼式，更便于居住和使用。

图 5-32　和平县林寨镇林寨村颍川旧家外观

5.3　城堡式围楼

所谓城堡式围楼，是深港地区客家祖先为聚族而居所兴建的大规模特殊的围楼式民居建筑。其中间为堂横屋，四周由两层楼房加四角碉楼包围起来，平面大部分呈方形，也有呈前宽后窄梯形或前方后圆形。其总体布局是：（1）前面有半月形的池塘和长方形的禾坪。（2）正面有正门楼，有的门楼砌成牌坊式，两旁有侧门，有的侧门藏于碉楼之后。（3）四周有两层楼房，建筑做成内低外高，有些四周屋面或内部可以连通，称走马楼。外围墙建有女儿墙做屏蔽，使整个围楼显得庄严规整，四角做有碉楼。（4）围内中轴线上有二进或三进的厅堂，上堂为祖公堂，设有神龛和祖先牌位。（5）堂屋的两侧各有横屋相对，有二横、四横或六横者。（6）堂屋前有正门楼和围楼相隔，即"倒座"形式。（7）上堂后面有半月形的花头，或长方形天街，与后围楼相隔。（8）有的在后围楼中间的龙厅处建成高出围楼一层或二层的望楼。（9）围楼内有一口或两口水井。综合起来看，月池、禾坪、门楼、围楼、碉楼、望楼、堂屋、祖公堂、横屋、花头、天街和水井等，是构成城堡式围楼的基本要素。如深圳龙岗镇的罗氏鹤湖新居、陈氏大田世居、赖氏梅冈世居、李氏正埔岭，坪山镇的曾氏大万世居、黄氏丰田世居、坑梓镇的黄氏龙田世居和盘龙世居、坪第镇的吉坑世居和香港沙田的曾氏山厦围等，均为这类城堡式围楼的代表类型。

鹤湖新居位于龙岗区龙岗镇罗瑞合村，始建于乾隆年间，至嘉庆二十二年（1817 年）内围竣工后其子孙不断扩建外围，历经三代人才建成今天的宏大规模。新居坐西南朝东北，由内外二围组成，平面呈前窄后宽的梯形回字，是一座三堂、二横、二围、八碉楼、二望楼的建筑。全楼共有 179 套单元房，兴旺时可住丁余人。该楼占地面积 24816m²，建筑占地 14530m²，是粤、闽、赣客家围之最（图 5-33）。

大万世居位于龙岗区坪山镇大万村，为曾氏家族于乾隆五十六年（1791年）建成。大万世居坐东面西，是一座三堂、二横、二枕杠、内外二围楼、八碉楼、一望楼的大型客家民居，占地面积 22680m²，建筑面积 15000m²（图 5-34）。大万世居以瑞义公祠为中轴，楼内以天街相隔、巷道相连，内部院落和巷道结构十分完整、严谨。值得一提的是瑞义公祠的封檐板、梁架等雕刻和彩绘花鸟虫鱼，刀法细腻、栩栩如生，是客家民居中难得的木雕精

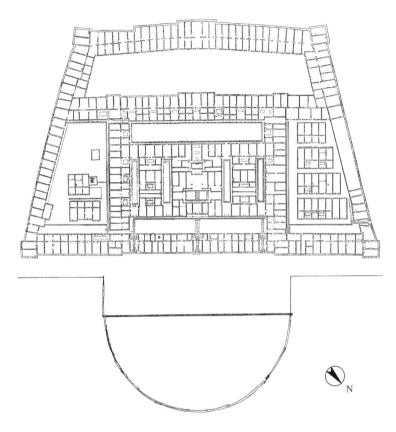

图 5-33　深圳龙岗镇罗瑞合村鹤湖新居总平面图

品。而祠中十余副对联则深刻反映了客家人追本溯源、敬宗睦族、崇文重教的文化传统。

龙田世居位于龙岗区坑梓镇龙田村，为黄氏于道光十七年（1837 年）所建（图 5-35）。龙田世居为三堂、二横、一外围、四碉楼、一望楼的建筑。前围为倒座，堂横屋前后均有天街与前后两围相隔。围屋二层，碉楼和望楼三层且山墙上有镬耳装饰。龙田世居与众不同的是，池塘已发展成凹字形的护围壕沟，对前围和左右围起护卫作用，西北角有桥和斗门与外界相通。围楼后面有弧形围墙，围墙内种上果木，兼具防卫和风水林的作用。

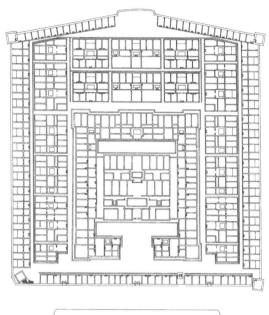

图 5-34　深圳坪山镇大万村大万世居总平面图

图 5-35　深圳坑梓镇龙田村龙田世居（摘自深圳博物馆编
《南粤客家围》，文物出版社）

5.4 泰安楼

泰安楼位于大埔县城边湖寮镇龙岗村，由蓝氏家族建于清乾隆二十八年（1763 年），该楼属砖石木结构，坐东北向西南，呈四方形，俗称"石楼"。泰安楼规模雄伟粗犷，围楼面宽 52m，进深 49m，该楼及附属建筑占地面积 6684m²，其中主楼占地 2577m²，两侧书斋占地 2764m²，门坪及花台占地 1325m²，主楼高三层 11m，共有 200 多间房（图 5-36）。

图 5-36　大埔泰安楼外观

泰安楼属砖石木结构建筑，围楼正面是一座牌坊式的大门，门口有宽阔的门坪和水塘。围内中轴线上，有用青砖砌筑的二堂二横之祖祠，分上、下二堂，上堂书"祖功宗德"四字，设先祖神主牌，为祭祀的祠堂，堂左右侧设厢房（图 5-37～图 5-39）。楼内平房四周为天井。三层方形楼房将主体平房环抱在中间，形成楼中有屋，屋外有楼的格局。围楼具有极强的防御作用，墙体一、二层外墙为石墙，三层外墙壁及内墙为砖墙，这也是俗称"石楼"得名的来由，一层墙宽为 0.92m，三层墙宽 0.44m，一、二层不设窗，三层才开窗，并设有枪眼。该楼一至三层四周向内设有檐廊贯通，形成跑马廊，一层走廊的柱子为上木下石，二、三层柱子为木柱。三楼前排中厅设有祭坛。为防外患，三层除前走廊外还设有后走廊。整座围楼只有一个大门出入，门板外镶上厚厚的铁皮，大门顶有蓄水池，供灭火之用。

图 5-37　大埔泰安楼祖祠鸟瞰

图 5-38　大埔泰安楼祖祠前院

图 5-39　大埔泰安楼祖祠天井

　　泰安楼的大门非常独特，大门做成立贴牌坊式，形成门楼状，雄伟浑厚（图 5-40）。传说楼主人是做生意发家的，没有考取功名，故不能建门楼，

图 5-40　大埔泰安楼牌坊式大门

后来他想出了个绝妙的办法就是做个假门楼。楼两侧各有一座书斋，是供族人读书求学的场所。楼内右侧天井有口水井，井水清澈可口，现仍可饮用。据说泰安楼的蓝姓祖公原计划在楼右侧也建一个同样的方石楼，构成鸳鸯楼，后因意外早亡，计划没有实现。

5.5 花萼楼

花萼楼坐落于大埔县大东镇联丰大丘田村，建于明万历三十六年（1608年），是我国目前保存最古老、最完整的客家土楼建筑之一（图5-41）。花萼楼是由林姓的第五代上祖援宇公经手兴建的。相传当年，援宇公家境清贫，衣不蔽体，为避风遮雨而寄宿在狮头山上的一个石洞里。有一天援宇公干活感觉困倦，尚未吃饭宽衣便昏昏沉沉睡了。睡梦中，看见观音娘娘端坐莲花座，驾着祥云，领着三头白马向他走来，朝他笑了笑便不见了。醒来后，他觉得奇怪，便在山洞四周寻找，结果发现了三大缸白银，于是便用此银建造了这座土围楼。因为所建圆形楼形似花萼，又取兄弟邻居相亲相爱之意，所以取名为花萼楼。

图5-41 大埔花萼楼外观（戴志坚 摄）

花萼楼占地面积 2886m²，坐西北向东南，背靠虎形山，面向梅潭河，周围群山环抱，碧水环绕，与周边自然环境融为一体。古楼设计精巧、结构独特，为土木圆形结构。楼内房屋正中为大厅，是祭祀祖先、合族议事的地方。全楼共有房间 210 间，公共梯口设在大门右内侧。呈圆环状的巨大楼体内被分为 28 个上下三环贯通的单独户型，即可供 28 户人家使用，各户可单独上顶楼，通过回廊，又可户户通连。围楼平面布局共有三环，内环为一层 30 个房间，二环为二层 60 间，外环为三层 120 间，共有 210 个房间（图 5-42）。相对通廊式土楼，这种单元式土楼既在一定程度上保证了小家庭的私密性，又考虑到大家族的通融性。此外，土楼天井构成土楼另一道风景线。天井占地 283.6m²，全用鹅卵石铺成，表达了客家人多子多孙的传统家族理念；天井中心装饰着一个直径达 3.86m 圆形古钱币图案，以祈求丰衣足食；旁边有水井一口，深达 18.6m，用于防火和生活之用，水井及其排水道形成一巨大的阿拉伯数字 "9"，土楼人称之为吉相，意味着 "久久长"。

图 5-42　大埔花萼楼内院鸟瞰（戴志坚　摄）

花萼楼地处两省三县交界处，属 "三不管" 地带，故其防御性特征极为突出，主要体现在以下几点：第一，墙体厚实。土楼外墙先用石砌筑圆台，再用条石砌成 1m 高的墙基,基座上打土壁,下宽上窄,底墙宽度 1.2m,顶墙宽 1m。楼高三层,层内加开两个半层,顶层外墙开窗,共 11.9m。高厚、坚实、封闭的土楼外墙,在确保楼内冬暖夏凉的同时也可有力地防御外来侵略。第二,入口严实。大门是土楼唯一的出入口,门框用宽而厚的花岗岩石板组成,门板钉有厚厚的铁皮,门顶还设有一个蓄水池以防敌人火攻。第三,土楼多处设有枪眼及炮眼,在抵抗外来入侵的同时还可以进行一定的积极防御。整楼的第一层不设窗,第二、三层墙上设有内小外大呈三角形的枪眼,整座楼只有一个大门供出入,大门框用厚而宽的花岗岩石板组成,大门板钉上坚厚的铁皮,这些门窗设施是为抵御外人侵扰而特意设计的。第四,土楼内宽达 1.2m 的环形回廊确保了在危难时刻可以发挥集体的力量与智慧。第五,土楼内水井、粮仓、厨房、厕所等生活设施一应俱全,大门一关,在土楼内生活一月甚至数月不成问题。

花萼楼设计精巧、布局合理、冬暖夏凉、结构独特,显示了客家人圆满、团结、平均、平等的生活理念,是广东土围楼中规模最大、设计最精美、保存最完整的民居古建筑。

5.6 道韵楼

道韵楼位于广东饶平县三饶镇南联村,建于明万历十五年(1587 年),围楼呈八角形,坐南朝北,周长 328m,高 11.5m,墙厚 1.6m,总面积 1 万多平方米。在正中门楼,上书"道韵楼"三个大字,这是明代礼部尚书黄锦赐题。

楼屋瓦顶,墙基在地面上仅垫两层青砖,墙体为黄土夯筑。楼有大门和旁门两通道。楼内房屋分为三进,共深 28m,前、中进为平房,中进后留有一天井,后进为 3 层高楼,屋虽深但光线充足。全楼有正房 56 间,另有角房 16 间。楼中心是卵石铺边内为黄土的广场,靠南有一北向厅堂,堂前两侧为两口公用井。另有 30 口井设在各正房间的界墙之下,每房各得其半而皆可吸水(图 5-43~图 5-45)。

图 5-43　饶平道韵楼

图 5-44　饶平道韵楼首层祠堂

图 5-45　饶平道韵楼楼层连廊

除楼的周边设有枪眼、炮眼外，楼门顶还特别设有防火烧门的注水暗涵。全楼具有防兵乱、防乡斗、防火灾、防寒暑等作用。楼内最多时曾居住600余人，而今仍有160多人在此安居。楼外环巷之外另筑有围屋8列，即在主楼八角的棱角相对处留出8条巷道，构成环护大楼的8排围屋。在总体上，楼内外共同构成了八卦图的布局。

道韵楼的八角造型是按"八卦"形状而建的，据说道韵楼原本为圆形，但屡建屡倒，后有高人言此地是"蟹"地，须用八卦之形才镇得住，围楼的黄氏先祖遂依八卦形状构建，楼中每一卦长39m，各有楼间9间，卦与卦之间用巷道隔开，八卦共72间。楼间也仿三爻而设计成三进，一、二进为平房，第三进连接外墙为三层半楼房。还特意在楼中的阳埕左右挖两眼公用水井，以象征太极两仪阴阳鱼之鱼眼。楼有大门和旁门两通道，是依照诸葛八卦生门入、休门出的原理，特地在大门一侧另开一休门，以让族人从此门出寨。

5.7　满堂围

满堂客家大围位于始兴县南部的隘子镇，为始兴乡绅官乾荣所建，始建于清道光十三年（1833年），至咸丰十年（1860年）建成，历时28年，是一处依山傍水、建筑精美的客家围楼建筑群。

满堂围占地面积达20000m²，共有大小房间777间，规模宏大，围中有围。整座大围由中、左、右三座四角带碉楼的方围楼连接而成，即由中心围、上新围和下新围三部分组成（图5-46）。而围楼中又包裹着更小的围楼，形成"围中有围"的奇观。每座围楼既可以关门独立封闭，又可以开侧门互相贯通。据说原创意整体形象为一条大航船，中间主楼的四围为二层，碉楼三层，主楼内为二堂屋，前堂二层，而后堂建成四层望楼，居高临下，巍峨壮观，远处望去就像船身上的船台，俗称"太子楼"，平时做教育子孙的学堂用。右边的围楼较主楼矮小，左边围楼还要小些，三座围楼浑然一体，端庄坚固。

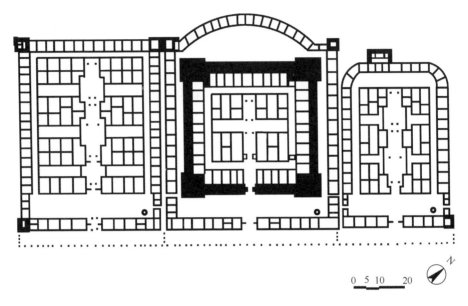

图 5-46 始兴满堂围平面图

　　每座围楼均由四角楼和前面凹形倒座组成，倒座中间有门楼，两角带碉楼。倒座内的围楼前是长方形的宽阔禾坪（图 5-47～图 5-49），每座围楼均有六座碉楼和两道门楼。左右围内是三堂屋，中间围内是二堂屋，堂屋前还有一道门。这样从外到内要经过三道大门，防范何其严密。中间主围楼的楼门建成城门状，门框和门洞的券顶全用条石砌筑，显得十分威严庄重。

　　整个大围楼用料十分考究，三座楼的外墙均用水磨青砖和条石砌成，内墙用卵石或土坯砌成，花岗岩石条叠角，石灰糯米浆粘合，十分坚固。原木栋梁，麻石门楼，门框、窗框、台阶、廊沿、井台等以花岗岩石条砌成。走廊和庭院的地面用河石铺砌成花朵和各种图案，显得典雅别致。门窗、茶几上雕刻着花鸟、动物等图案并贴上亮闪闪的金铂，显得雍容华贵，各种木构件、生活家具都做工精细，古色古香。围楼内东西南北均设有楼梯，楼上楼下回廊过道四通八达。围屋用松木当基础，共用了九层松木当固定地基，经历百多年仍无下陷迹象。建筑物高低错落有致，屋顶下均有一层木板隔热，具有冬暖夏凉的优点。如今围楼内仍保持聚族而居的习俗，团结互助，平等相待，热情好客。满堂围无论是规模、造型、材料还是工艺，都堪称粤北客家四角楼之最。

图 5-47　始兴满堂围的中心围

图 5-48　始兴满堂围的中心围外围与内围之间的庭院

图 5-49　始兴满堂围的中心围内围后包

参考文献

［1］ 陆琦. 中国民居建筑丛书：广东民居［M］. 北京：中国建筑工业出版社，2008.

［2］ 陆琦. 岭南建筑经典丛书：广府民居［M］. 广州：华南理工大学出版社，2013.

［3］ 陆琦. 中国古建筑丛书：广东古建筑［M］. 北京：中国建筑工业出版社，2015.

［4］ 赵克尧. 论魏晋南北朝的坞壁［J］. 历史研究，1980(06).

［5］ 王绚. 传统堡寨聚落研究——兼以秦晋地区为例［D］. 天津：天津大学，2004.

［6］ 吴海燕. 魏晋南北朝乡村社会及其变迁研究［D］. 郑州：郑州大学，2003.

［7］ 许宇航. 明代海陆丰围寨［J］. 潮商，2015(02).

广州市园林建筑工程公司

公司地址：广州市东风西路 161 号

邮　　编：510170

电　　话：020-81955826

传　　真：020-81949271

网　　址：www.yjgs.com

广州市园林建筑工程公司
gzyj1958

企业文化

同心协力，多向发展，司兴我荣

企业精神

求实、拼搏、创新、奉献

湖州中恒园林建设有限公司

公司地址：浙江省湖州市龙溪北路 1155 号 6 楼

邮　　编：313000

电　　话：0572-2271005

传　　真：0572-2271008

湖州中恒园林建设有限公司成立于 2005 年 6月，主营园林绿化工程施工、养护，市政公用工程施工、城市及道路照明工程施工等，具有经建设部批准的城市园林绿化施工壹级资质、市政公用工程施工总承包叁级资质、城市及道路照明工程专业承包叁级资质。数年来，公司全体职工坚持「百年大计，质量第一」的方针，以「求实、创新、进取」的企业精神，对外积极开拓市场，对内狠抓企业管理，企业有了长足的发展，跨上了一个新台阶。

汇绿园林建设发展有限公司

公司地址：浙江省宁波市北仑区长江路 1078 号好时光
　　　　　大厦 1 幢 15、17、18 楼

邮　　编：315800

武汉公司：湖北省武汉市武昌区友谊大道 999 号武钢集
　　　　　团大楼 B 座 19 楼

网　　址：Http://www.cnhlyl.com

邮　　箱：cnhlyl@cnhlyl.com

电　　话：0574-55222515　　027-86537771

传　　真：0574-55222999　　027-83641351

汇贤图治　绿境文心

汇贤，是汇绿的方式，亦是态度。

自然，是汇绿的起点，亦是终点。

汇绿园林建设发展有限公司
huilvshengtai